农业部新型职业农民培育规划教材

NONGZUOWU BINGCHONGHAI FANGZHIYUAN

农作物病虫害防治员

段培奎　左振朋　主编

中国农业出版社

编 写 人 员

主　　编　段培奎　左振朋

副主编　于　辉　于晓庆　夏　雨　焦春梅

参编人员　（以姓氏笔画为序）

　　　　　于志波　王　鹏　李洪奎　张　敏　张荣全

　　　　　张路生　周　霞　常雪梅　缪玉刚

■ 编写说明

我国正处在加快现代化建设进程和全面建成小康社会的关键时期。我国的基本国情决定，没有农业的现代化就没有整个国家的现代化，没有农民的小康就没有全面小康社会。加快现代农业发展，保障国家粮食安全，持续增加农民收入，迫切需要大力培育新型职业农民，大幅提高农民科学种养水平。实践证明，教育培训是提升农民生产经营水平，提高农民素质的最直接、最有效途径，也是新型职业农民培育的关键环节和基础工作。为做好新型职业农民培育工作，提升教育培训质量和效果，农业部对新型职业农民培育教材进行了整体规划，组织编写了"农业部新型职业农民培育规划教材"，供各新型职业农民培育机构开展新型职业农民培训使用。

"农业部新型职业农民培育规划教材"定位服务培训、提高农民技能和素质，强调针对性和实用性。在选题上，立足现代农业发展，选择国家重点支持、通用性强、覆盖面广、培训需求大的产业、工种和岗位开发教材。在内容上，针对不同类型职业农民特点和需求，突出从种到收、从生产决策到产品营销全过程所需掌握的农业生产技术和经营管理理念。在体例上，打破传统学科知识体系，以"农业生产过程为向导"构建编写体系，围绕生产过程和生产环节进行编写，实现教学过程与生产过程对接。在形式上，采用模块化编写，教材图文并茂，通俗易懂，利于激发农民学习兴趣。

《农作物病虫害防治员》是系列规划教材之一，共有六个模块。模块———基本技能和素质，简要介绍农作物病虫害防治员应掌握的基本知识与技能，应具备的基本素质，应了解的安全知识和法律常识。模块二——植保专业化统防统治，内容有专业化统防统治的含义和必要性及其组织形式和服务方式。模块三——农作物病虫草害识别及防控，内容有小麦、玉米、水稻、棉花、花生、主要蔬菜、苹果等农作物病虫害的识别与防治，主要农作物田间杂草识别与防治。模块四——植保机械使用与维护，内容有植保机械的种类及其在化学防治中的作用、常用植保机械使用与维护技术。模块五——农药安全科学使用，内容有农药选购、农药保管、农药使用、药械清洗、中毒救治、农药药害等方面的知识和技能。模块六——绿色防控，内容有作物健康栽培知识和杀虫灯、诱虫板、性诱剂使、食诱剂、天敌使用技术。各模块附有技能训练指导、参考文献、单元自测内容。

目 录

模块一

基本技能和素质

1 知识与技能要求

农作物病虫害专业防治员，是一项从事预防和控制病、虫、草、鼠和其他有害生物在农作物生长过程中的危害，保证农作物正常生长、农业生产安全的职业，在工作中应遵循与其相适应的行为规范，它要求农作物病虫害防治员忠于职守、爱岗敬业，具有强烈的责任感和社会服务意识。

农作物病虫害专业防治员应具备以下基本知识和技能：

（1）了解当地原有农作物病虫草害主要防治方式——分散防治存在的问题。

（2）了解专业化统防统治的概念、内涵和好处。

（3）了解农作物病虫草害和植物疫情对农业生产的影响。

（4）掌握当地主要农作物病虫草害发生危害的特点。

（5）会识别当地主要农作物病虫草害、植物疫情和有益生物，能独立调查病虫发生情况，做出准确防治。

（6）了解综合防治知识（农业防治、物理防治、生物防治、化学防治等）。

（7）了解国内外植保机械的种类。

（8）了解植保机械在化学防治中的作用。

（9）掌握当地常用植保机械的性能及其使用技术。

（10）掌握使用不同植保机械时农药的配制比例。

（11）掌握常见植保机械的正确施药方法（图1-1）。

图1-1　农作物病虫害专业防治员在水稻田施药

（12）掌握流量、喷幅、施药液量与作业速度的关系。

（13）会在病虫草害防治过程中更换适宜的喷头。

（14）熟练掌握植保机械的维护与保养。

（15）掌握农药的基本知识及其在病虫草害防控中的重要作用。

（16）了解常用农药的使用安全间隔期。

（17）了解农药及其包装物对环境、人类生产生活及农产品质量安全的影响。

（18）会直观识别农药的真伪。

（19）会根据当地主要农作物病虫草害选择合适的农药品种。

（20）针对每种病虫草害掌握2～3种防治的农药品种。

（21）了解预防病虫草害抗药性的基本原理。

（22）掌握防治农作物药害的基本方法。

（23）了解不同施药方法，掌握影响施药质量的因素及提高农药利用率的技术。

（24）掌握安全用药及防护知识，预防中毒、中暑及其急救方法。

（25）掌握诱虫灯、诱虫板等诱捕器的使用方法，了解天敌知识与释放方法。

（26）病虫专业防治员职业道德、守法要求、权益保护、经营管理等。

2 基本素质

爱岗敬业

爱岗敬业就是热爱农作物病虫害防治员工作，具有吃苦耐劳的精神，能够经得起不怕脏、不怕累的考验，充分认识到自己所从事职业的社会价值，尽心尽力地做好农作物病虫害防治工作。

认真负责

认真负责是指农作物病虫害防治员在从事对农作物病、虫、草、鼠害等测报、防治等工作时要认真负责，一丝不苟；对调查研究中获得的各种数据和与本职业有关的专业知识、技术成果、实际操作等的资料要实事求是，不弄虚作假。

勤奋好学

勤奋好学是指深入研究农作物病虫害防治专业技术知识和实际操作技能。一方面，农作物病、虫、草、鼠害的种类多，分布广，适应性强，诊断、测报及防治工作均较复杂；另一方面，农作物病虫害防治科学发展迅速，新的科学技术不断运用到生产实践之中。因此，农作物病虫害专业防治员不仅要具备较高的科学文化水平和丰富的生产实践经验，而且要不断地学习来充实自己，刻苦钻研新技术，提高业务能力，才能做好本职工作，在农业生产中发挥更大的作用。

规范操作

规范操作就是要求农作物病虫害专业防治员在操作过程中要严格操作规程，注意人、畜、作物及天敌的安全，做到经济、安全、有效，把病虫等有害生物控制在一定的经济允许水平下，从而提高农作物的产量和质量。

■ 依法维权

依法维权即消费者合法权益受到侵害时，采取向主管部门投诉或向法院起诉，通过调解或判决的方式获得赔偿的行为。同样，农民在购买、使用农药过程中，权益受到损害时，农作物病虫害专业防治员要具有从步骤和技术上帮助他们依法维权的能力。

首先，告诉农民朋友在购买农药时，要向经营户索要发票和信誉卡并保存好，并在经营户记录台账上和信誉卡上记录购买产品、数量、批次等详细情况。其次，在使用农药时按标签说明使用，同时要留有100毫升以上的农药保存起来。最后，如果出现药害等问题，可以凭证据到购买农药的经营户处交涉，争取赔偿；如果存在分歧，可以列出证据，到当地农业行政部门投诉；损失严重者也可向法院起诉。

3 安全知识

■ 产量安全

产量安全即通过科学的管理和种植，收获的产量能够保证人类生存处在安全状态以上。随着人口数量增加，人均耕地面积越来越少，人类生活水平逐步提高，粮食产量安全保障的难度越来越大。最现实的解决方案就是从技术上提高粮食的产量和质量。而在长期耕作过程中，土壤肥力逐渐饱和，水资源供应日益紧张，农作物的耕作管理就成了保证粮食产量安全重要的技术工作，其中最直接的工作内容就包括农作物病虫害防治。

■ 质量安全

质量安全是指农产品质量符合保障人的健康、安全的要求。国家制定了农产品质量安全标准等级，分别为"无公害农产品""绿色食品""有机食品"三种。"无公害农产品"是指源于良好生态环境，按照专门的生产技术规程生产或加工，无有害物质残留或残留控制在一定范围之内，符合标准规定的卫生质量指标的农产品。"绿色食品"是遵循可持续发展原则，按照特定生产方式生产，经过专门机构认定，许可使用"绿色食品"标志的，无污染的，安全、优质、营养类食品，级别比"无公害农产品"更高。"有机食品"指来自于有机农业生产体系，根据国际有机农业生产要求和相应标准生产、加工，并经具有资质的独立认证机构认证的一切农产品。"有机食品"不使用任何人工合成的化肥、农药和添加剂，因此对生产环境和品质控制的要求非常严格。《农产品质量安全法》规定国家建立农产品质量安全监测制度，保障农产品质量安全。

■ 环境安全

环境安全即与人类生存、发展活动相关的生态环境及自然资源处于良好的状况或未遭受不可恢复的破坏。包括两个方面的内容，一方面是生产、生活、技术层面的环境安全，另一方面是社会、政治、国际层面的环境安全。农作物病虫害防治员在工作中要注意环境污染对农业生产的影响，首先要遵从预防为主、综合防治的植保方针，在保护生态平衡的情况下进行农作物病虫害防治。作为农作物病虫害专业防治员，在工作中要了解农药基本知识和毒性等级，针对农作物受到的不同病、虫、草、鼠害，选择合适的农药，在适宜阶段防治，尽量减少农药对农作物、农业、农村环境和生态的污染是十分必要的。

■ 自身安全

农作物病虫害专业防治员在从事职业工作过程中，经常在作物带有病菌、病毒的环境中工作，有时还会在试验、施药的过程中接触农药。所以，自身安全就是必须面对和注意的问题，作为一名职业工作者，要有基本的个人防护知识和意识。

4 **法律常识**

农作物病虫害防治工作的环境和条件与农业技术推广、农产品质量安全息息相关，同时在预防和控制病、虫、草、鼠及其他有害生物对农作物危害的过程中，要深入病菌、病毒、毒气等有危险的环境，并接触有毒的物体。所以，国家特别重视农作物病虫害防治工作对人、畜的危害及带来的环境保护、安全生产等问题，制定了相应的法律法规来规范其活动。农作物病虫害专业防治员要熟悉的主要法律法规有《中华人民共和国农业技术推广法》（以下简称《农业技术推广法》）、《中华人民共和国农产品质量安全法》（以下简称《农产品质量安全法》）、《农药管理条例》、《植物检疫条例》等。

■《农业技术推广法》

《农业技术推广法》于1993年7月2日第八届全国人民代表大会常务委员会第二次会议通过，2012年8月31日第十一届全国人民代表大会常务委员会第二十八次会议修正，2013年1月1日起施行，共6章39条。

农业技术是指应用于种植业、林业、畜牧业、渔业的科研成果和实用技术，包括：良种繁育、栽培、肥料施用和养殖技术；植物病虫害、动物疫病和其他有害生物防治技术；农产品收获、加工、包装、贮藏、运输技术；农业投入品安全使用、农产品质量安全技术；农田水利、农村供排水、土壤改良与水土保持技术；农业机械化、农用航空、农业气象和农业信息技术；农业防灾减灾、农业资源与农业生态安全和农村能源开发利用技术；其他农业技术。

农业技术推广，是指通过试验、示范、培训、指导以及咨询服务等，把农业技术普及应用于农业产前、产中、产后全过程的活动。农业技术推广应当遵循的原则：有利于农业、农村经济可持续发展和增加农民收入；尊重农业劳动者和农业生产经营组织的意愿；因地制宜，经过试验、示范；公益性推广与经营性推广分类管理；兼顾经济效益、社会效益，注重生态效益。

农业技术推广，实行国家农业技术推广机构与农业科研单位、有关学校、农民专业合作社、涉农企业、群众性科技组织、农民技术人员等相结合的推广体系。国家农业技术推广机构的专业技术人员应当具有相应的专业技术水平，符合岗位职责要求。国家农业技术推广机构聘用的新进专业技术人员，应当具有大专以上有关专业学历，并通过县级以上人民政府有关部门组织的专业技术水平考核。自治县、民族乡和国家确定的连片特困地区，经省、自治区、直辖市人民政府有关部门批准，可以聘用具有中专有关专业学历的人员或者其他具有相应专业技术水平的人员。

国家逐步提高对农业技术推广的投入。各级人民政府在财政预算内应当保障用于农业技术推广的资金，并按规定使该资金逐年增长。各级人民政府应当采取措施，保障和改善县、乡镇国家农业技术推广机构的专业技术人员的工作条件、生活条件和待遇，并按照国家规定给予补贴，保持国家农业技术推广队伍的稳定。对在县、乡镇、村从事农业技术推广工作的专业技术人员的职称评定，应当以考核其推广工作的业务技术水平和实绩为主。各级人民政府有关部门及其工作人员未依照规定履行职责的，对直接负责的主管人员和其他直接责任人员依法给予处分。违反规定，截留或者挪用用于农业技术推广的资金的，对直接负责的主管人员和其他直接责任人员依法给予处分；构成犯罪的，依法追究刑事责任。

《农产品质量安全法》

《农产品质量安全法》于2006年4月29日第十届全国人民代表大会常务委员会第二十一次会议通过，2006年11月1日起施行，共8章56条。《农产品质量安全法》是为保障农产品质量安全，维护公众健康，促进农业和农村经济发展而制定。

农产品是指来源于农业的初级产品，即在农业活动中获得的植物、动物、微生物及其产品。农产品质量安全，是指农产品质量符合保障人的健康、安全的要求。国家建立健全农产品质量安全标准体系。农产品质量安全标准是强制性的技术规范。

县级以上地方人民政府农业行政主管部门按照保障农产品质量安全的要求，根据农产品品种特性和生产区域大气、土壤、水体中有毒有害物质状况等因素，认为不适宜特定农产品生产的，提出禁止生产的区域，报本级人民政府批准后公布。

禁止在有毒有害物质超过规定标准的区域生产、捕捞、采集食用农产品和建立农产品生产基地。禁止违反法律、法规的规定向农产品产地排放或者倾倒废水、废气、固体废物或者其他有毒有害物质。农业生产用水和用作肥料的固体废物，应当符合国家规定的标准。农产品生产者应当合理使用化肥、农药、兽药、农用薄膜等化工产品，防止对农产品产地造成污染。

对可能影响农产品质量安全的农药、兽药、饲料和饲料添加剂、肥料、兽医器械，依照有关法律、行政法规的规定实行许可制度。国务院农业行政主管部门和省、自治区、直辖市人民政府农业行政主管部门应当定期对可能危及农产品质量安全的农药、兽药、饲料和饲料添加剂、肥料等农业投入品进行监督抽查，并公布抽查结果。

农产品生产企业和农民专业合作经济组织应当建立农产品生产记录，如实记载下列事项：①使用农业投入品的名称、来源、用法、用量和使用、停用的日期。②动物疫病、植物病虫草害的发生和防治情况。③收获、屠宰或者捕捞的日期。农产品生产记录应当保存2年。禁止伪造农产品生产记录。国家鼓励其他农产品生产者建立农产品生产记录。

农产品生产企业、农民专业合作经济组织以及从事农产品收购的单位或者个人销售的农产品，按照规定应当包装或者附加标识的，须经包装或者附加标识后方可销售。包装物或者标识上应当按照规定标明产品的品名、产地、生产者、生产日期、保质期、产品质量等级等内容；使用添加剂的，还应当按照规定标明添加剂的名称。

销售的农产品必须符合农产品质量安全标准，生产者可以申请使用无公害农产品标识。农产品质量符合国家规定的有关优质农产品标准的，生产者可以申请使用相应的农产品质量标识（图1-2）。禁止冒用农产品质量标识。

图1-2　农产品质量标识

有下列情形之一的农产品，不得销售：①含有国家禁止使用的农药、兽药或者其他化学物质的。②农药、兽药等化学物质残留或者含有的重金属等有毒有害物质不符合农产品质量安全标准的。③含有的致病性寄生虫、微生物或者生物毒素不符合农产品质量安全标准的；④使用的保鲜剂、防腐剂、添加剂等材料不符合国家有关强制性的技术规范的。⑤其他不符合农产品质量安全标准的。

农产品质量安全检测机构伪造检测结果的，责令改正，没收违法所得，并处5万元以上10万元以下罚款，对直接负责的主管人员和其他直接责任人员处1万元以上5万元以下罚款；情节严重的，撤销其检测资格；造成损害的，依法承担赔偿责任。农产品质量安全检测机构出具检测结果不实，造成损害的，依法承担赔偿责任；造成重大损害的，并撤销其检测资格。

《农产品质量安全法》规定，国家引导、推广农产品标准化生产，鼓励和支持生产优质农产品，禁止生产、销售不符合国家规定的农产品质量安全标准的农产品；支持农产品质量安全科学技术研究，推行科学的质量安全管理方法，推广先进安全的生产技术；国家建立健全强制性的农产品质量安全标准体系；对农产品产地作出明确要求；对农产品生产的管理职能作出明确分工；对农产品生产、销售制定了严格的监督检查制度和法律责任。

■《农药管理条例》

《农药管理条例》于1997年5月8日国务院发布并施行，2001年11月29日修订公布，共8章49条。《农药管理条例》是为了加强对农药生产、经营和使用的监督管理，保证农药质量，保护农业、林业生产和生态环境，维护人畜安全而制定。

《农药管理条例》所称农药，是指用于预防、消灭或者控制危害农业、林业的病、虫、草和其他有害生物以及有目的地调节植物、昆虫生长的化学合成或者来源于生物、其他天然物质的一种物质或者几种物质的混合物及其制剂。

农药包括用于不同目的、场所的下列各类：①预防、消灭或者控制危害农业、林业的病、虫（包括昆虫、蜱、螨）、草和鼠、软体动物等有害生物的。②预防、消灭或者控制仓储病、虫、鼠和其他有害生物的。③调节植物、昆虫生长的。④用于农业、林业产品防腐或者保鲜的。⑤预防、消灭或者控制蚊、蝇、蜚蠊、鼠和其他有害生物的。⑥预防、消灭或者控制危害河流堤坝、铁路、机场、建筑物和其他场所的有害生物的。

国家实行农药登记制度。国内首次生产的农药和首次进口的农药的登记，按照田间试验、临时登记、正式登记三个阶段进行。国务院农业行政主管部门所属的农药检定机构负责全国的农药具体登记工作。省、自治区、直辖市人民政府农业行政主管部门所属的农药检定机构协助做好本行政区域内的农药具体登记工作。

农药生产应当符合国家农药工业的产业政策。开办农药生产企业（包括联营、设立分厂和非农药生产企业设立农药生产车间），应当具备的条件有：①有与其生产的农药相适应的技术人员和技术工人。②有与其生产的农药相适应的厂房、生产设施和卫生环境。③有符合国家劳动安全、卫生标准的设施和相应的劳动安全、卫生管理制度。④有产品质量标准和产品质量保证体系。⑤所生产的农药是依法取得农药登记的农药。⑥有符合国家环境保护要求的污染防治设施和措施，并且污染物排放不超过国家和地方规定的排放标准。

经企业所在地的省、自治区、直辖市工业产品许可管理部门审核同意后，报国务院工业产品许可管理部门批准。农药生产企业经批准后，方可依法向工商行政管理机关申请领取营业执照。

国家实行农药生产许可制度。生产有国家标准或者行业标准的农药的，应当向国务院工业产品许可管理部门申请农药生产许可证。生产尚未制定国家标准、行业标准，但已有企业标准的农药的，应当经省、自治区、直辖市工业产品许可管理部门审核同意后，报国务院工业产品许可管理部门批准，发给农药生产批准文件。

农药产品包装必须贴有标签或者附具说明书。标签应当紧贴或者印制在农药包装物上。标签或者说明书上应当注明农药名称、企业名称、产品批号和农药登记证号或者农药临时登记证号、农药生产许可证号或者农药生产批准文件号以及农药的有效成分、含量、重量、产品性能、毒性、用途、使用技术、使用方法、生产日期、有效期和注意事项等；农药分装的，还应当注明分装单位。农药产品出厂前，应当经过质量检验并附具产品质量检验合格证；不符合产品质量标准的，不得出厂。

农药经营单位应当具备下列条件和有关法律、行政法规规定的条件，并依法向工商行政管理机关申请领取营业执照后，方可经营农药：①有与其经营的农药相适应的技术人员。②有与其经营的农药相适应的营业场所、设备、仓储设施、安全防护措施和环境污染防治设施、措施；③有与其经营的农药相适应的规章制度（图1-3）。④有与其经营的农药相适应的质量管理制度和管理手段。

图1-3　经营单位悬挂相应规章制度

县级以上各级人民政府农业行政主管部门应当根据"预防为主，综合防治"的植保方针，组织推广安全、高效农药，开展培训活动，提高农民施药技术水平，并做好病虫害预测预报工作。

使用农药应当遵守农药防毒规程，正确配药、施药，做好废弃物处理和安全防护工作，防止农药污染环境和农药中毒事故。使用农药应当遵守国家有关农药安全、合理使用的规定，按照规定的用药量、用药次数、用药方法和安全间隔期施药，防止污染农产品。

剧毒、高毒农药不得用于防治卫生害虫，不得用于蔬菜、瓜果、茶叶和中草药材。使用农药应当注意保护环境、有益生物和珍稀物种。严禁用农药毒鱼、虾、鸟、兽等。

禁止生产、经营和使用假、劣质农药。

下列农药为假农药：①以非农药冒充农药或者以此种农药冒充他种农药的。②所含有效成分的种类、名称与产品标签或者说明书上注明的农药有效成分的种类、名称不符的。

下列农药为劣质农药：①不符合农药产品质量标准的。②失去使用效能的。③混有导致药害等有害成分的。

禁止经营产品包装上未附标签或者标签残缺不清的农药。

未经登记的农药，禁止刊登、播放、设置、张贴广告。

任何单位和个人不得生产、经营和使用国家明令禁止生产或者撤销登记的农药。

■《植物检疫条例》

《植物检疫条例》于1983年1月3日国务院发布，1992年5月13日修订发布，共有24条。《植物检疫条例》是为防止为害植物的危险性病、虫、杂草传播蔓延，保护农业、林业生产安全而制定，明确了植物检疫实施单位的各级农业、林业部门的职责，规定执行植物检疫任务，应穿着检疫制服和佩带检疫标志。对植物检疫对象、疫区、保护区作了详细的定义；对检疫工作开展作了区域性、程序性的规定；对植物检疫工作落实不完善，造成损失或严重后果的，作了处罚或处理的规定。

国务院农业主管部门、林业主管部门主管全国的植物检疫工作，各省、自治区、直辖市农业主管部门、林业主管部门主管本地区的植物检疫工作。县级以上地方各级农业主管部门、林业主管部门所属的植物检疫机构，负责执行国家的植物检疫任务。植物检疫人员进入车站、机场、港口、仓库以及其他有关场所执行植物检疫任务，应穿着检疫制服和佩带检疫标志。

凡局部地区发生的危险性大、能随植物及其产品传播的病、虫、杂草，应定为植物检疫对象。局部地区发生植物检疫对象的，应划为疫区，采取封锁、消灭措施，防止植物检疫对象传出；发生地区已比较普遍的，则应将未发生地区划为保护区，防止植物检疫对象传入。

调运植物和植物产品，属于下列情况的，必须经过检疫：①列入应施检疫的植物、植物产品名单的，运出发生疫情的县级行政区域之前，必须经过检疫。②凡种子、苗木和其他繁殖材料，不论是否列入应施检疫的植物、植物产品名单和运往何地，在调运之前，都必须经过检疫。

种子、苗木和其他繁殖材料的繁育单位，必须有计划地建立无植物检疫对象的种苗繁育基地、母树林基地。试验、推广的种子、苗木和其他繁殖材料，不得带有植物检疫对象。植物检疫机构应实施产地检疫。从国外引进种子、苗木，引进单位应当向所在地的省、自治区、直辖市植物检疫机构提出申请，办理检疫审批手续。从国外引进、可能潜伏有危险性病、虫的种子、苗木和其他繁殖材料，必须隔离试种，植物检疫机构应进行调查、观察和检疫，证明确实不带危险性病、虫的，方可分散种植。

植物检疫的方法按检验场所和方法可分为：入境口岸检验、原产地田间检验、入境后的隔离种植检验等。实施植物检疫根据有害生物的分布地域性、扩大分布为害地区的可能性、传播的主要途径、对寄主植物的选择性和对环境的适应性，以及原产地自然天敌的控制作用和能否随同传播等情况制定。其内容一般包括检疫对象、检疫程序、技术操作规程、检疫检验和处理的具体措施等，具有法律约束力。通过检疫检验发现有害生物后，一般采取以下处理措施：禁止入境或限制进口；消毒除害处理；改变输入植物材料的用途；铲除受害植物，消灭初发疫源地。

参考文献

农业部农药检定所 . 1993. 农药安全使用指南 . 北京：中国农业出版社 .

农业部人事劳动司，农业职业技能培训教材编审委员会 . 2004. 农作物植保员 . 北京：中国农业出版社 .

农业部人事劳动司，农业职业技能培训教材编审委员会 . 2006. 农资营销员 . 北京：中国农业出版社 .

单元自测

1. 农作物病虫害专业防治员应具备的基本素质与技能是什么？
2. 农作物病虫害专业防治员应注意哪几个方面的安全？

学习笔记

模块二

植保专业化统防统治

1 专业化统防统治的含义及其必要性

专业化统防统治的含义

农作物病虫害专业化统防统治（以下简称"专业化统防统治"）是指具备一定植物保护专业技术条件的服务组织，采用先进、实用的设备和技术，为农民提供契约性的防治服务，开展社会化、规模化的农作物病虫害防控行动。

专业化统防统治要按照现代农业发展的要求，遵循"预防为主，综合防治"的植保方针，由具有一定植物保护技能的专业人员组成的，具有一定规模的服务组织，采用先进的设备和技术对农作病虫害实行安全高效的统一预防与治理的全程承包服务，同时鼓励涉农企业、专业合作社（协会）、社会组织、乡村集体组织、种植大户及个人开展农作物病虫害专业化统防统治经营服务。

实施专业化统防统治的必要性

（一）适应病虫发生规律变化，保障农业生产安全

从农业生产过程来看，病虫防治是技术含量高、用工多、劳动强度大、风险控制难的环节。许多病虫害具有跨国界、跨区域迁飞和流行的特

点，还有一些暴发性和新发生的疑难病虫也危害较重，农民一家一户的分散防治难以应对，常常出现"漏治一点，危害一片"现象。加之农村大量青壮年外出务工，务农劳动力结构性短缺，病虫害防治成为当前农业生产者遇到的最大难题。发展专业化统防统治，促进传统的分散防治方式向规模化和集约化统防统治转变，可缓解用工矛盾，及时控制病虫危害，最大限度地减少病虫危害损失，保障农业生产安全。

（二）提高病虫防控效果，促进粮食稳定增产

当前分散防治普遍有防治效果不理想的问题，主要原因是：农户防治不及时、各农户防治时间不统一、选药不对路、同一成分的农药重复使用造成抗药性、施药器械落后（传统喷雾器"跑、冒、滴、漏"严重）等。与传统分散防治方式相比，专业化统防统治具有技术集成度高、装备比较先进、防控效果好、防治成本低等优势，能有效控制病虫害暴发成灾。而且专业化统防统治由经过植保部门培训的专业人员负责，能做到适期、适量，并科学选择配方，施药器械采用新型高效机动喷雾器或大型喷雾机械，雾化效果好、附着力强，减少药液流失，大大提高了防治效果，有效控制病虫害暴发成灾。实践证明，专业化统防统治作业效率可提高5倍以上，大大减少用工成本，水稻每亩*可增产50千克以上，小麦增产30千克以上。

（三）降低农药使用风险，保障农产品质量安全和生态环境安全

传统的分散防治存在严重的农药使用风险，主要表现在：大多数农民缺乏病虫防治的相关知识，不懂农药使用技术，施药观念落后，仍习惯大容量、针对性的喷雾方法，农药利用率低，农药飘移和流失严重，盲目、过量用药现象较为普遍。这不仅加重了农田生态环境的污染，而且常导致农产品农药残留超标等事件。实施专业化统防统治，可以实现安全、科学、合理使用农药，提高农药利用率、减少农药使用量，有助于从源头上控制假冒伪劣农药，杜绝禁限用高毒农药在蔬菜、水果等鲜食农产品上使用，降低农药残留污染，保障生态环境安全和农产品质量安全。同时，专业化统防统治组织普遍使用大包装农药，减少了包装废弃物对环境的污染。

---

* 亩为非法定计量单位，15亩=1公顷。

（四）普及绿色防控，实现农业可持续发展

面对千家万户农民开展的培训，其培训面大，难以解决农技推广的"最后一公里"问题。而通过专业化统防统治不但可提供大面积防治服务，实现科学防治，还可以迅速地将新技术与新药械推广普及开来。同时，这一组织形式也为统一采取综合防治措施提供了较大的可能性和强有力的保障，真正实行绿色防控，实现农业可持续发展。

统防统治节本增效

2011年湖南省岳阳市120万亩专业化统防统治区统计结果表明，防治次数较分散防治减少1～2次，农药用量减少20%以上，产品均达到无公害或绿色食品标准；在安徽省肥西县统防统治区，蜘蛛等有益生物数量比农民自防区增加4倍，显著改善了农田生态环境。

2013年青岛丰诺植保专业合作社实施专业化统防统治结果表明，大型机动喷雾器的使用，比手动喷雾器提高工效20～30倍，且防治效果好，用药量减少。例如，小麦示范方内病虫害防治，平均每亩用药量为295克，农药防治成本为28元，比分散防治分别减少11.3%和15.2%，节本增效效果显著。示范方内小麦平均亩产量为632千克，比分散防治对照田增产11.3%，节省用药成本6元，节省人工成本8元。

2 专业化统防统治的组织形式和服务方式

■ 组织形式

（一）专业合作社和协会型

按照农民专业合作社的要求，把大量分散的机手组织起来，形成一个

有法人资格的经济实体，专门从事专业化防治服务。或由种植业、农机等专业合作社以及一些协会，组建专业化防治队伍，拓展服务内容，提供病虫害专业化防治服务。

（二）企业型

成立股份公司，把专业化防治服务作为公司的核心业务，从技术指导、药剂配送、机手培训与管理、防效检查、财务管理等方面实现公司化的规范运作。或由农药经营企业购置机动喷雾机，组建专业化防治队，不仅为农户提供农药销售服务，同时还开展病虫害专业化防治服务。

（三）大户主导型

主要由种植大户、科技示范户或农技人员等"能人"创办专业化防治队，在进行自身田块防治的同时，为周围农民开展专业化防治服务。

（四）村级组织型

以村委会等基层组织为主体，或组织村里零散机手，或统一购置机动药械，统一购置农药，在本村开展病虫统一防治。

（五）农场、示范基地、出口基地自有型

一些农场或农产品加工企业，为提高农产品的质量，越来越重视病虫害的防治和农产品农药残留问题，纷纷组建自己的专业化防治队，为本企业生产基地开展专业防治服务。

（六）互助型

在自愿互利的基础上，按照双向选择的原则，拥有防治机械的机手与农民建立服务关系，自发地组织在一起，在病虫防治时期开展互助防治，主要是进行代治服务。

（七）应急防治型

这种类型主要是应对大范围发生的迁飞性、流行性重大病虫害，由

县级植保站组建的应急专业防治队，主要开展对公共地带的公益性防治服务，在保障农业生产安全方面发挥着重要作用。

服务方式

（一）代防代治

专业化防治组织为服务对象施药防治病虫害，收取施药服务费，一般每亩收取4～6元。农药由服务对象自行购买或由机手统一提供。在这种服务方式中，专业化防治组织和服务对象之间一般无固定的服务关系。

（二）阶段承包

专业化防治组织与服务对象签订服务合同，承包部分或一定时段内的病虫害防治任务。

（三）全程承包

专业化防治组织根据合同约定，承包作物生长季节所有病虫害的防治。全程承包与阶段承包具有共同的特点：专业化防治组织在县植保部门的指导下，根据病虫发生情况，确定防治对象、用药品种、用药时间，统一购药、统一配药、统一时间集中施药，防治结束后由县植保部门监督进行防效评估。

参考文献

农业部种植业管理司，全国农业技术推广服务中心.2013.成功之路——农作物病虫害专业化统防统治百强服务组织运作模式和经验.北京：中国农业科学技术出版社.

农业部种植业管理司，全国农业技术推广服务中心.2013.农作物病虫害专业化统防统治培训指南.北京：中国农业出版社.

农业部种植业管理司，全国农业技术推广服务中心.2011.农作物病虫害专业化统防统治手册.北京：中国农业出版社.

潘巨文, 刘烨, 孟昭金. 2012. 农作物病虫草鼠害专业化防治技术. 北京: 中国农业科学技术出版社.

单元自测

1. 专业化统防统治的概念是什么?
2. 目前一家一户分散防治存在哪些问题?
3. 专业化统防统治的意义是什么?

学习笔记

模块三

农作物病虫草害识别及防控

1 主要农作物病虫害识别与防治

小麦主要病虫害识别与防治

（一）小麦锈病

小麦锈病分为三种，即条锈病、叶锈病和秆锈病，俗称"黄疸病"，是我国小麦生产中的重要病害，其中以小麦条锈病发生最为普遍。主要分布于西北、西南、华北、黄淮及长江中上游小麦产区。由于其具有大区流行特性，对小麦生产威胁很大，严重时可减产50%~70%。

1.症状特征。三种锈病的区别可用"条锈成行叶锈乱，秆锈是个大红斑"来概括。

（1）条锈病。主要为害叶片（图3-1、图3-2），也可为害叶鞘、茎秆、穗部。夏孢子堆为小长条状，鲜黄色，椭圆形，在叶片上与叶脉平行排列，呈虚线状。

（2）叶锈病。主要为害叶片（图3-3），叶鞘和茎秆上少见。夏孢子堆圆形至长椭圆形，橘红色，在叶片上不规则散生，一般不穿透叶片，背面的病斑较正面的小。

（3）秆锈病。主要为害茎秆（图3-4）和叶鞘，也可为害叶片和穗部。夏孢子堆较大，长椭圆形，深褐色或黄褐色，不规则散生，病斑穿透叶片

图3-1 小麦条锈病叶片为害状

图3-2 小麦条锈病田间为害症状

的能力较强，同一侵染点在正反面都可出现，而且叶背面的较正面的大。

图3-3 小麦叶锈病叶片为害状

（刘家魁提供）

图3-4 小麦秆锈病茎秆为害状

2.防治措施。

（1）农业防治。①种植抗病品种。②适期播种，适当晚播，可减轻秋苗期条锈病的发生。③小麦收获后及时翻耕灭茬，清除自生麦苗。

> **? 小思考**
>
> 以上所述的三种小麦锈病哪种在当地较为常见？

（2）药剂防治。①种子处理：用25%三唑酮可湿性粉剂120克，或12.5%烯唑醇可湿性粉剂100～160克拌种100千克，拌匀后闷1～2小时再播种。②大田喷雾：大田病叶率达到0.5%时，每亩可用12.5%烯唑醇可湿性粉剂30～50克或25%三唑酮可湿性粉剂50～80克喷雾防治。重病田要进行二次喷雾。

> **⚠ 温馨提示**
>
> 　　无论用塑料袋还是拌种器，均须充分拌匀。拌种后立即播种，现拌现用，当日（3小时内）播完拌药种子，余下的种子不能食用或作饲料。播种前，注意开沟排湿，土壤不宜过湿。三唑酮作种子处理只能干拌，不能湿拌，拌时要充分拌匀。

（二）小麦白粉病

　　小麦白粉病是一种世界性病害，在各主要产麦国均有分布，我国山东沿海、四川、贵州、云南发生普遍，为害也重。近年来该病在东北、华北、西北麦区，亦有日趋严重之势。一般可造成减产10%左右，严重的达50%以上。

　　1.症状特征。该病可侵害小麦植株地上部各器官，但以叶片和叶鞘为主，发病重时颖壳和芒也可受害。初发病时，叶面出现1～2毫米的白色霉点，后逐渐扩大为近圆形至椭圆形白色霉斑，霉斑表面有一层白粉状霉层，遇外力或振动立即飞散。后期病部霉层变为灰白色至浅褐色，病斑上散生有针头大小的黑色小粒点（图3-5）。

　　2.防治措施。

　　（1）农业防治。①种植抗病品种。②中国南方麦区雨后及时排水，防止湿气滞留；北方麦区适时浇水，使寄主增强抗病力。③冬小麦秋播前要及时清除掉自

图3-5　小麦白粉病发病症状

（引自中国农业大学等主编《小麦主要病虫害简明识别手册》，中国农业出版社，2013）

生麦。

（2）药剂防治。①种子处理：用25%三唑酮可湿性粉剂120克拌种100千克，拌匀后闷1～2小时再播种；用2.5%咯菌腈悬浮种衣剂100～200毫升+3%苯醚甲环唑悬浮种衣剂300毫升，对水1 500毫升，拌种100千克，并堆闷3小时。兼治黑穗病、条锈病、根腐病和纹枯病。②大田喷雾：大田病叶率达到10%以上时，每亩可用12.5%烯唑醇可湿性粉剂30～50克或25%三唑酮可湿性粉剂50～80克喷雾防治。

（三）小麦纹枯病

小麦纹枯病属土传性病害，广泛分布于我国各小麦主产区，尤以江苏、安徽、山东、河南、陕西、湖北及四川等省麦区发生普遍。一般可造成减产10%左右，严重的达30%～40%。

1.症状特征。小麦各生育阶段都可受害，症状不同，主要侵染叶鞘和茎秆。小麦发芽后芽鞘变褐，严重时烂芽枯死。幼苗多在3～4叶期显症，叶鞘病斑边缘褐色，中部灰色，梭形或椭圆形，病株叶色枯黄，重病苗枯死。拔节后植株基部叶鞘病斑为中间灰白色，边缘浅褐色的云纹状斑，病斑扩大连片形成花秆，甚至烂茎。茎壁因此失水坏死，最后病株因养分、水分供不应求而枯死，形成枯株白穗（图3-6）。

图3-6　小麦纹枯病为害状

2.防治措施。

（1）农业防治。①合理施肥，增施经高温腐熟的有机肥，不要偏施、过施氮肥，控制小麦旺长。②适期晚播，合理密植。③适当降低播种量，防止田间郁闭，避免倒伏。④合理浇水，雨后及时排水。

（2）药剂防治。①种子处理：每100千克种子用6%戊唑醇悬浮种衣剂50～70毫升，或用2.5%咯菌腈悬浮种衣剂100～200毫升对水1 000～1 500毫升混成均一药液，将药液倒在种子上，边倒边搅拌直至药液均匀附着在种子表面，或用专业包衣机进行种子包衣。②大田喷雾：小麦分蘖末期，病株率达10%～15%时，每亩用20%井冈霉素可湿性粉剂30克，或12.5%烯唑醇可湿性粉剂32～64克，或30%苯甲·丙环唑乳油20～30毫升喷雾防治。

（四）小麦赤霉病

小麦赤霉病是一种典型的气候性病害，又称"红麦头"。在全国各地都有分布，以长江中下游冬麦区和东北春麦区发生最重，长江上游冬麦区和华南冬麦区常有发生，近年来，又成为江淮和黄淮冬麦区的常发病害。一般减产10%～20%，大流行年份减产50%以上，甚至绝收。

1.症状特征。小麦生长的各个阶段均能受害，以穗部为主。病菌最先侵染部位是花药，其次为颖片内侧壁。通常一个麦穗的小穗先发病，然后迅速扩展到穗轴，进而使其上部其他小穗迅速失水枯死而不能结实。表现症状为：侵染初期在小穗和颖片上产生水浸状浅褐色斑，渐扩大至整个小穗，小穗枯黄。湿度大时，病斑处产生粉红色霉层，空气干燥时病部和病部以上枯死，形成白穗，不产生霉层，后期其上产生密集的蓝黑色小颗粒（图3-7）。

图3-7　小麦赤霉病为害穗部出现粉红色霉层

（引自中国农业大学等主编《小麦主要病虫害简明识别手册》，中国农业出版社，2013）

2.防治措施。

（1）农业防治。①选用抗病品种。应选用穗形细长、小穗排列稀疏、抽穗扬花整齐集中、花期短、残留花药少、耐湿性强的品种。②做好栽培避害。做到田间沟沟通畅，增施磷钾肥，促进植株健壮，防止倒伏早衰。

（2）药剂防治。①于

10%小麦抽穗至扬花初期，每亩用50%多菌灵可湿性粉剂80克，或25%氰烯菌酯悬浮剂100～150毫升喷雾防治，视病情5～7天后再防治一次。

> **！温馨提示**
>
> 有的地区小麦赤霉病菌已对多菌灵产生很严重的抗药性，须暂停多菌灵在该地区的使用，推荐使用25%氰烯菌酯悬浮剂。

（五）小麦全蚀病

小麦全蚀病在许多麦区均有发生。小麦感病后，分蘖减少，成穗率低，千粒重下降。发病越早，减产幅度越大。拔节前显病的植株，往往早期枯死；拔节期显病植株，减产50%左右；灌浆期显病的植株减产20%以上。

1.症状特征。全蚀病是一种根部病害，只侵染麦根和茎基部1～2节。小麦抽穗后茎基部变黑，腐烂加重，呈"黑脚"状，叶鞘易剥落，内生灰黑色菌丝层，后期产生黑点状突起。由于受土壤菌量和根部受害程度的影响，田间症状显现期不一。

（1）分蘖期。地上部无明显症状，仅重病植株表现稍矮，基部出现黄叶。冲洗麦根可见种子根与地下茎变灰黑色。

（2）拔节期。病株返青迟缓，黄叶多，拔节后期重病株矮化、稀疏，叶片自下向上变黄，似干旱、缺肥。拔起可见植株种子根、次生根大部分变黑。横剖病根，根轴变黑。在茎基部表面和叶鞘内侧，生有较明显的灰黑色菌丝层。

（3）抽穗灌浆期。病株成簇或点片出现早枯白穗，在潮湿麦田中，茎基部表面布满条点状黑斑，形成"黑脚"（图3-8）。

2.防治措施。

（1）农业防治。①种植抗耐病品种。②轮作倒茬。实行稻麦轮作，或与棉花、烟草、蔬菜等经济作物轮作，也可改种大豆、油菜、马铃薯等。

图3-8　小麦全蚀病为害状

（2）药剂防治。①土壤处理：播种前选用70%甲基硫菌灵可湿性粉剂按每亩2～3千克加细土20～30千克，均匀施入播种沟中进行土壤处理。②种子处理：每100千克种子用2.5%咯菌腈悬浮种衣剂100～200毫升，或3%苯醚甲环唑悬浮种衣剂300毫升，对水1 000毫升混成均一药液，将药液倒在种子上，边倒边搅拌，直至药液均匀附着在种子表面，或用专业包衣机进行种子包衣。

（六）小麦地下害虫

为害小麦的地下害虫主要有蝼蛄、蛴螬、金针虫三种，主要发生在小麦秋苗期和返青后至灌浆期。

1.为害特征。　从播种开始直到翌年小麦乳熟期，蝼蛄（图3-9）为害小麦。在秋季为害小麦幼苗，以成虫或若虫咬食发芽种子和幼根嫩茎，扒成乱麻状或丝状，使幼苗生长不良甚至枯死，并在土表穿行活动而造成隧道，使根土分离而缺苗断垄。

蛴螬（图3-10）幼虫为害麦苗地下分蘖节处，咬断根茎使苗枯死。

图3-9　蝼蛄

图3-10　蛴螬

金针虫以幼虫咬食发芽种子和根茎，可钻入种子或根茎相交处，被害处不整齐呈乱麻状，形成枯心苗以致全株枯死（图3-11）。

2.防治措施。

（1）农业防治。①深翻土地，精耕细作，可有效压低虫口密度15%～30%。②采用合理耕作制度，适时调整茬口，进行轮作，有条件的可实行水旱轮作。③尽量施用腐熟有机肥，以减少蝼蛄、蛴螬害虫。

图3-11　金针虫为害小麦根部
（刘家魁提供）

（2）药剂防治。①种子处理：每100千克种子用40%辛硫磷乳油100毫升，对适量水混成均一药液，将药液喷在种子上，边喷边翻拌直至混合均匀。②药液灌根：枯心苗率达3%时，用40%辛硫磷乳油800倍液灌根。

（七）小麦蚜虫

小麦蚜虫分布极广，几乎遍及世界各小麦产区。我国为害小麦的蚜虫有多种，通常以麦长管蚜和麦二叉蚜发生数量最多，为害最重。一般麦长管蚜无论南北方密度均相当大，但偏北方发生更重；麦二叉蚜主要发生于长江以北各省。

1.为害特征。小麦自秋苗开始，直至收获，均有麦蚜危害，其中以穗期种群数量最大，是为害的关键期。若遇小麦穗期温度高，降雨少，穗期蚜虫增殖迅速，群聚刺吸叶片汁液或在叶片表面产生蜜露，麦苗被害后，叶片枯黄，生长停滞，分蘖减少；后期麦株受害后，叶片发黄，麦粒不饱满，严重时麦穗枯白，不能结实，甚至整株枯死（图3-12）。

图3-12　小麦蚜虫为害麦穗状

2.防治措施。

（1）农业防治。①合理布局。冬、春麦混种区尽量使秋季作物单一化，尽可能为玉米或谷子等。②冬麦适当晚播，清除田内外杂草，实行冬灌。

（2）药剂防治。①种子处理：每100千克种子用600克/升吡虫啉悬浮种衣剂200毫升，对水1 000毫升混成均一药液，将药液倒在种子上，边倒边搅拌，直至药液均匀附着在种子表面，或用专业包衣机进行种子包衣。②大田喷雾：百穗有蚜500头时，每亩用20%丁硫克百威乳油30～40毫升或22%噻虫·高氯氟微囊悬浮剂10～15毫升，或2.5%高效氯氟氰菊酯乳油20～24毫升，对水均匀喷雾。

图3-13　蚜茧蜂寄生麦蚜形成僵蚜
（刘家魁提供）

（3）生物防治。保护利用天敌。麦田中麦蚜的天敌种类较多，主要有瓢虫、食蚜蝇、草蛉、蜘蛛、蚜茧蜂等。当益害比达到1∶80或僵蚜（图3-13）率达到30%时，应以利用天敌为主，不用或少用化学农药，尽可能避免在治蚜时杀伤天敌。

? 小思考
当地小麦田麦蚜天敌主要有哪几种？

（八）麦蜘蛛

麦蜘蛛的发生主要分布于山东、山西、江苏、安徽、河南、四川、陕西等地。常见的麦蜘蛛主要有两种：麦长腿蜘蛛和麦圆蜘蛛。

1.为害特征。两种麦蜘蛛于春秋两季吸取麦株汁液，被害麦叶先呈白斑，后变黄，轻则影响小麦生长，造成植株矮小，穗少粒轻，重则整株干枯死亡（图3-14）。

麦蜘蛛在连作麦田以及靠近杂草较多的地块发生为害严重。水旱轮作和收麦后深翻的地块发生轻。麦长腿蜘蛛的适温为15～20℃，适宜湿度在50%以下，所以秋雨少，春暖干旱，以及在壤土、黏土麦田发生重。麦圆蜘蛛的适温为8～15℃，适宜湿度为80%以上，因此，秋雨多，春季阴凉多雨，以及砂壤土麦田易发生严重。

2.防治措施。

（1）农业防治。采用轮作倒茬，合理灌溉，麦收后深耕灭茬等降低虫源。

（2）药剂防治。单行600头/米时，每亩用15%哒螨灵乳油15～20毫升或1.8%阿维菌素乳油15～20毫升，对水均匀喷雾。

图3-14 麦圆蜘蛛田间为害状

（刘家魁提供）

（九）小麦吸浆虫

小麦吸浆虫为世界性害虫，广泛分布于全国主要小麦产区。我国的小麦吸浆虫主要有两种，即红吸浆虫和黄吸浆虫。

1.为害特征。以幼虫潜伏在颖壳内吸食正在灌浆的麦粒汁液，造成秕粒、空壳（图3-15、图3-16、图3-17）。

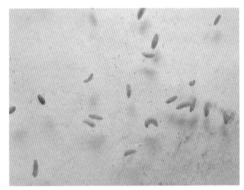

图3-15 小麦吸浆虫幼虫

（刘家魁提供）

图3-16 小麦吸浆虫为害的麦粒与健康麦粒的比较

（刘家魁提供）

2.防治措施。

（1）农业防治。①选用抗虫品种。选择穗形紧密，内外颖毛长而密，

31

图3-17 小麦吸浆虫为害的麦穗

麦粒皮厚，浆液不易外流的小麦品种。②轮作倒茬。与油菜、豆类、棉花和水稻等作物轮作，压低虫口数量。在小麦吸浆虫严重田及其周围，可实行棉麦间作或改种油菜、大蒜等作物。

（2）药剂防治。①返青至抽穗前，羽化出土时每个样方（10厘米×10厘米×20厘米）5头时，每亩用40%毒死蜱乳油200～250毫升或35%硫丹乳油200～250毫升，拌20千克细土，拌匀，撒施。②穗期，网捕（10复次）10～25头时，每亩用36%啶虫脒水分散粒剂25克或4.5%高效氯氰菊酯乳油15毫升，对水均匀喷雾。

小麦"一喷三防"增产措施

小麦"一喷三防"，是在小麦生长期使用杀虫剂、杀菌剂、植物生长调节剂、叶面肥、微肥等混配剂喷雾，达到防病虫害、防干热风、防倒伏，增粒增重，确保小麦增产的一项关键技术措施。根据病虫害发生情况可选择以下配方：

（1）以防治锈病、吸浆虫为主的麦田，每亩用15%三唑酮可湿性粉剂75克或12.5%烯唑醇可湿性粉剂40克，加4.5%的高效氯氰菊酯乳油50毫升，再加98%磷酸二氢钾100克或液体叶面肥50毫升，对水均匀喷雾。

（2）以防治赤霉病、麦穗蚜为主的麦田，每亩用25%多菌灵可湿性粉剂200～240克，或25%氰烯菌酯悬浮剂100～200毫升或70%甲基硫菌灵可湿性粉剂100克，加3%啶虫脒乳油25毫升或10%吡虫啉可湿性粉剂20克，再加98%磷酸二氢钾100克，对水均匀喷雾。

（3）以防治叶枯病、穗蚜为主的麦田，每亩用65%代森锰锌可湿性粉剂150克或70%甲基硫菌灵可湿性粉剂100克，加10%吡虫啉可湿性粉剂20克，再加98%磷酸二氢钾100克，对水均匀喷雾。

玉米主要病虫害识别与防治

（一）玉米大（小）斑病

玉米大（小）斑病是玉米上的重要叶部病害。一般造成减产15% ~ 20%，发生严重年份，减产达50%左右。

1.症状特征。玉米大斑病又称条斑病、煤纹病、枯叶病、叶斑病等。主要为害玉米的叶片、叶鞘和苞叶，下部叶片先发病。叶片染病后先出现水渍状青灰色斑点，然后沿叶脉向两端扩展，形成边缘暗褐色、中央淡褐色或青灰色的大斑。后期病斑常纵裂，严重时病斑融合，叶片变黄枯死。潮湿时病斑上有大量灰黑色霉层（图3-18）。

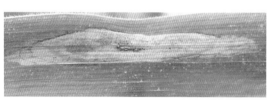

图3-18　玉米大斑病为害叶片症状

（引自李少昆等著《图说玉米病虫害防治关键技术》，中国农业出版社，2011）

玉米小斑病又称玉米斑点病。常和大斑病同时出现或混合侵染。除为害叶片、苞叶和叶鞘外，对雌穗和茎秆的致病力也比大斑病强，可造成果穗腐烂和茎秆断折，发病比大斑病稍早。初为水浸状，后变为黄褐色或红褐色，边缘颜色较深，椭圆形、圆形或长圆形，大小（5 ~ 10）毫米×（3 ~ 4）毫米，病斑密集时常连接成片，形成较大的枯斑（图3-19）。

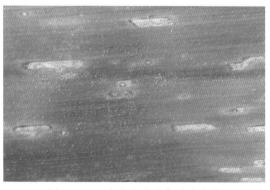

图3-19　玉米小斑病为害叶片症状

（引自李少昆等著《图说玉米病虫害防治关键技术》，中国农业出版社，2011）

? 小思考

当地玉米大（小）斑病发生程度如何？常规防治药剂有哪些？

2.防治措施。

（1）农业防治。①种植抗病品种。②玉米收获后，彻底清除田间病残株。③土壤深耕高温沤肥，杀灭病菌。④施足底肥，增加磷肥，重施喇叭口肥，及时中耕灌水。

（2）药剂防治。玉米抽雄前后，当田间病株率达70%、病叶率达20%时，每亩用30%苯甲·丙环唑乳油15毫升，或25%吡唑醚菌酯乳油30毫升，或45%代森铵水剂40毫升，对水均匀喷雾。

（二）玉米丝黑穗病

玉米丝黑穗病又称乌米、哑玉米，在华北、东北、华中、西南、华南和西北地区普遍发生。以北方春玉米区、西南丘陵山地玉米区和西北玉米区发病较重。一般年份发病率在2%～8%，个别地块达60%～70%。

1.症状特征。玉米丝黑穗病是幼苗侵染的系统性病害，其症状有时在生长前期就有表现，但典型症状一般到穗期出现，绝大多数雌穗和雄穗都受害，仅少数发病迟的雌穗受害而雄穗正常。雄性花器感病后变形，雄花基部膨大，内为一包黑粉，不能形成雄穗（图3-20）。雌穗受害果穗变短，基部粗大，除苞叶外，整个果穗为一包黑粉和散乱的丝状物（图3-21）。

图3-20　玉米丝黑穗病雄穗黑穗型

图3-21　玉米丝黑穗病雌穗黑穗型

2.防治措施。

（1）农业防治。①选择抗病品种。②精细整地，适当浅播，足墒下种，提高植株的抗病能力。③采用地膜覆盖技术，地膜覆盖可提高地温，保持土壤水分，使玉米出苗和生育加快，从而减少发病机会。④拔除病株和摘除病瘤。

（2）药剂防治。种子处理：每100千克种子用3%苯醚甲环唑悬浮种衣剂400毫升或6%戊唑醇悬浮种衣剂200毫升，对水1 000毫升混成均一药液，将药液倒在种子上，边倒边搅拌直至药液均匀附着在种子表面。

（三）玉米粗缩病

玉米粗缩病是由灰飞虱传播玉米粗缩病毒（MRDV）引起的一种病毒病，是我国北方玉米生产区流行的重要病害。

1.症状特征。玉米整个生育期都可感染发病，以苗期受害最重，5～6片叶即可显症，开始在心叶基部及中脉两侧产生透明的油浸状褪绿虚线条点，逐渐扩及整个叶片。病苗浓绿，叶片僵直，宽短而厚，心叶不能正常展开，病株生长迟缓、矮化，叶色浓绿，节间粗短。至9～10叶期，病株矮化现象更为明显，上部节间短缩粗肿，顶部叶片簇生，病株高度不到健株一半，多数不能抽穗结实，个别雄穗虽能抽出，但分枝极少，没有花粉。果穗畸形，花丝极少，植株严重矮化，雄穗退化，雌穗畸形，严重时不能结实（图3-22）。

图3-22　玉米粗缩病为害状

2.防治措施。

（1）农业防治。①选种抗、耐病品种。②清除田边、沟边杂草，精耕细作，以减少虫源。③适当调整玉米播期，使玉米苗期错过灰飞虱的传毒盛期。④加强田间管理，及时追肥浇水，提高植株抗病力。⑤结合间苗定苗，及时拔除病

? 小思考

如果田间发现玉米粗缩病病株应该怎样处理？如何预防玉米粗缩病的发生？

株，以减少病株和毒源，严重发病地块及早改种豆科作物或甜玉米、糯玉米等。

（2）药剂防治。①种子处理：用内吸杀虫剂对玉米种子进行包衣和拌种，可以有效防治苗期灰飞虱，减轻粗缩病的传播。每100千克玉米种子用70%噻虫嗪种子处理可分散粉剂200克，对水1 000毫升充分搅拌溶解后，均匀包衣。②大田喷雾：防治灰飞虱，每亩用10%吡虫啉可湿性粉剂15克，对水均匀喷雾，或用4.5%高效氯氰菊酯乳油30毫升或48%毒死蜱乳油60～80毫升，对水均匀喷雾；防治粗缩病可亩用5%氨基寡糖素75～100毫升喷雾防治。

（四）玉米地下害虫

1.为害特征。玉米地下害虫主要包括蛴螬、蝼蛄、地老虎、金针虫等。地下害虫咬食玉米种子、幼芽和根系，造成玉米缺苗断垄，一般缺苗10%以上，甚至全田毁苗，对玉米产量影响很大（图3-23、图3-24、图3-25、图3-26）。

图3-23　为害玉米的地下害虫——地老虎

（乌鲁木齐玉米试验站拍摄）

图3-24　被地老虎为害的玉米苗

（乌鲁木齐玉米试验站拍摄）

图3-25　为害玉米的地下害虫——金针虫

图3-26　被金针虫为害的玉米幼茎

2.防治措施。

（1）农业防治。及时清除玉米苗基部麦秸、杂草等覆盖物，消除其发生的有利环境条件。一定要把覆盖在玉米垄中的麦糠麦秸全部清除到远离植株的玉米大行间并裸露出地面。

（2）药剂防治。种子处理：每100千克种子用70%吡虫啉水分散粒剂100～200克或70%噻虫嗪种子处理可分散粉剂100～200克，对水1 000毫升混成均一药液，将药液倒在种子上，边倒边搅拌直至药液均匀附着在种子表面。可兼治蚜虫、灰飞虱。

（五）玉米螟

玉米螟是危害玉米的主要害虫，严重影响玉米的产量和品质。主要分布于北京、东北、河北、河南、四川、广西等地。各地的春、夏、秋播玉米都不同程度受害，尤以夏播玉米最严重。一般年份减产5%～10%，严重的减产10%～30%。

1.为害特征。玉米螟在玉米心叶期以幼虫取食叶肉或蛀食未展开的心叶，造成"花叶"（图3-27）；玉米抽穗后钻蛀茎秆，使雌穗发育受阻而减产，蛀孔处易折断；幼虫在穗期直接蛀食雌穗、嫩粒，造成籽粒缺损、霉烂，降低品质和产量（图3-28）。

图3-27 玉米螟为害心叶状

（引自董志平等主编《玉米病虫草害防治原色生态图谱》，中国农业出版社，2011）

图3-28 玉米螟幼虫为害穗状

2.防治措施。

（1）农业防治。玉米螟幼虫大多数在玉米秆、玉米穗轴芯中越冬，春季化蛹。所以，采取秸秆还田、沤肥或作饲料，力争在4月底前就地将玉米秸秆处理掉，可有效降低虫口密度，减轻田间为害。

（2）药剂防治。①心叶期田间被害株率10%以上时，每亩用3%辛硫磷颗粒剂250克加细砂5千克施于心叶内防治；穗期虫株率10%时，可用90%敌百虫晶体800倍液滴灌果穗。②每亩用200克/升氯虫苯甲酰胺悬浮剂15毫升或40%氯虫·噻虫嗪水分散性颗粒剂10毫升，对水均匀喷雾。

（3）生物防治。可选择赤眼蜂防治，于玉米螟产卵期释放赤眼蜂2～3次，或亩用Bt乳剂200毫升喷雾防治。

（六）黏虫

玉米黏虫是玉米作物上常见的主要害虫之一，又名行军虫，一年可发生三代，以第二代危害夏玉米为主。

1.为害特征。主要以幼虫咬食叶片。1～2龄幼虫取食叶片造成孔洞，3龄以上幼虫危害叶片后呈现不规则的缺刻，暴食时，短期内可吃光叶片，只剩叶脉，造成严重减产，甚至绝收。当一块玉米田被吃光，幼虫常成群列纵队迁到另一块田为害，故又名"行军虫"（图3-29、图3-30）。一般地势低、玉米植株高矮不齐、杂草丛生的田块受害重。

图3-29　黏虫为害玉米植株状　　　　　图3-30　黏虫田间为害状
（于光利提供）　　　　　　　　　（于光利提供）

？小思考

黏虫有没有迁移为害的习性？

2.防治措施。

（1）农业防治。硬茬播种的田块，待玉米出苗后要及时浅耕灭茬，及时进行田间地头的化学除草，破坏玉米黏虫的栖息环境，降低虫源。

（2）药剂防治。①毒饵诱杀：每亩用90%敌百虫晶体100克对适量水，拌在1.5千克炒香的麸皮上制成毒饵，于傍晚时分顺着玉米行撒施，进行诱杀。②叶面喷雾：幼虫2龄前，每亩用2.5%氯氟氰菊酯乳油，或48%毒死蜱乳油15～20毫升，或4.5%高效氯氰菊酯乳油20～30毫升，或灭幼脲3号50毫升对水均匀喷雾。③撒施毒土：每亩用40%辛硫磷乳油75～100毫升适量加水，拌砂土40～50千克扬撒于玉米心叶内，即可保护天敌，又可兼防玉米螟。

（3）生物防治。保护利用寄生蜂、寄生蝇等天敌。

（七）二点委夜蛾

二点委夜蛾是我国夏玉米区新发生的害虫，往往被误认为是地老虎为害。该害虫随着幼虫龄期的增长，食量不断加大，发生范围也将进一步扩大，如不能及时控制，将会严重威胁玉米生产。

1.为害特征。幼虫一般躲在玉米幼苗周围的碎麦秸下或2～5厘米的表土层危害玉米苗。受危害轻者玉米植株倾斜，重者造成缺苗断垄，甚至毁种。玉米幼苗3～5叶期，幼虫主要咬食玉米茎基部，形成3～4毫米圆形或椭圆形孔洞，切断营养输送，造成玉米心叶萎蔫枯死；玉米8～10叶期，幼虫主要咬断玉米根部，包括气生根和主根，造成玉米倒伏，严重者枯死。为害夏玉米时，1头幼虫咬死植株后，可再连续为害5～8株，具有转株和转行的危害习性（图3-31、图3-32、图3-33）。

图3-31　二点委夜蛾成虫

图3-32　二点委夜蛾幼虫　　　　图3-33　二点委夜蛾蛀食玉米茎基部形成孔洞

二点委夜蛾幼虫体色与黄地老虎相近，但身体短于黄地老虎，黄地老虎体节背面前缘无倒三角形的深褐色斑纹。二点委夜蛾与三种常见地老虎幼虫特征比较见表3-1。

表3-1　二点委夜蛾与三种常见地老虎幼虫特征比较

种类	体长（毫米）	体色	体表特征	为害特性
二点委夜蛾	14～20	灰黄色	体背侧线黑色，胸节无此线	咬食根或蛀食茎基部，使幼苗萎蔫或倒伏
小地老虎	37～47	灰黄色	密布明显的大小颗粒	从地面咬断幼茎
大地老虎	41～61	黄褐色	多皱纹，颗粒不明显	从地面咬断幼茎
黄地老虎	33～45	淡黄褐色	多皱纹而淡，有不明显的颗粒	从地面咬断幼茎

2.防治措施。

（1）农业防治。①麦收后播前使用灭茬机或浅旋耕灭茬后再播种玉米，即可有效减轻二点委夜蛾为害，也可提高玉米的播种质量，苗齐苗壮。②及时人工除草和化学除草，清除麦茬和麦秆残留物，减少利于害虫滋生的环境条件。③提高播种质量，培育壮苗，提高抗病虫能力。

（2）药剂防治。幼虫三龄前防治，最佳时期为出苗前（播种前后均可）。①撒毒饵：每亩用4～5千克炒香的麦麸或粉碎后炒香的棉籽饼，与48%毒死蜱乳油500毫升拌成毒饵，在傍晚顺垄撒在玉米苗边。②撒毒土：每亩用80%敌敌畏乳油300～500毫升拌25千克细土，早晨顺垄撒在玉米苗边，防效较好。③大田喷灌：可以将喷头拧下，逐株顺茎滴药液，或用直喷头喷根茎部，药剂可选用48%毒死蜱乳油1 500倍液、30%乙酰甲胺磷乳油1 000倍液、2.5%高效氯氟氰菊酯乳油2 500倍液或4.5%高效氯氰菊酯1 000倍液等。药液量要保证可以渗到玉米根周围30厘米左右的害虫藏匿处。

■ 水稻主要病虫害识别与防治

（一）稻瘟病

稻瘟病又名稻热病，俗称火烧瘟、吊头瘟、掐颈瘟等。在各稻区都有发生，山区、半山区及沿海稻区发生普遍。流行年份一般减产10%～20%，严重的达40%～50%。

1.症状特征。根据为害时期和部位不同，可分为苗瘟、叶瘟、节瘟、穗颈瘟和谷粒瘟。

（1）苗瘟（图3-34）。秧苗三叶期前发病，主要由种子带菌所引起，病苗基部灰黑色，上部变褐，卷缩枯死。病部产生大量灰色霉层。

（2）叶瘟（图3-35）。秧苗三叶期后至穗期均可发生，分蘖期至拔节期盛发。

图3-34 苗瘟田间为害状

图3-35 叶瘟为害水稻叶片状

病斑常因天气条件的影响和品种抗病性的差异，分为四种类型：

普通型（慢性型）：为最常见的症状。病斑梭形，外层淡黄色，内圈为褐色，中央灰白色。

急性型：产生暗绿色近圆形至椭圆形的病斑，正反两面都有大量灰色霉层，是此病流行的预兆。

白点型：产生白色近圆形小白斑。如果天气条件有利，可迅速扩展成为急性型病斑。

褐点型：在抗病品种的老叶上，产生针头大小的褐点病斑。

（3）节瘟（图3-36）。多在抽穗后发生。初在稻节上产生褐色小点，后围绕节部扩展，使整个节部变黑腐烂，干燥时病部易横裂折断。发生早的形成枯白穗。

图3-36　节瘟

（4）穗颈瘟（图3-37）。在穗颈上初生褐色小点，扩展后可使穗颈成段变褐色或黑褐色。可造成枯白穗，发病晚的造成秕谷。

（5）谷粒瘟（图3-38）。颖壳变成灰白色或产生褐色椭圆形或不规则形病斑，可使稻谷变黑，造成种子带病。

图3-37　穗颈瘟为害状

图3-38　谷粒瘟

2.防治措施。

（1）农业防治。①选择抗病品种。②品种合理布局，避免品种单一化种植，延长抗性品种使用寿命。③健身栽培。合理施肥灌水，多施农家肥，节氮增磷钾肥，防止偏施、迟施氮肥，湿润灌溉，适时进行晒田，以增强植株抗病能力，减轻发病。

（2）药剂防治。采取"抓两头，控中间"的策略，即重点抓好水稻秧田叶瘟和破口期穗瘟病的防治。每亩用20%三环唑可湿性粉剂100克，或40%稻瘟灵乳油80~100毫升，或6%春雷霉素可湿性粉剂40~50克，或25%多菌灵可湿性粉剂200~250克对水均匀喷雾。

小常识

三环唑对水稻稻瘟病预防效果好，但没有治疗作用。多菌灵、春雷霉素等药剂有预防作用，也有一定的治疗效果。

（二）水稻纹枯病

小思考

稻瘟病的防治应重点抓好水稻生长的哪两个时期？

俗名花脚秆、烂脚秆。全国各稻区都有发生，为水稻重要病害之一。我国的华南、华中和华东稻区发生较重，华北、东北和云南稻区也有发生，局部地区为害严重。

1.症状特征。一般分蘖期开始发病，最初在近水面的叶鞘上出现水渍状椭圆形斑，以后病斑增多，常相互愈合成为不规则大型的云纹状斑，其边缘为褐色，中部发绿色或淡褐色。叶片上的症状和叶鞘上的基本相同。病害由下向上扩展，严重时可到剑叶，甚至造成穗部发病（图3-39）。

图3-39　水稻纹枯病为害状

（引自夏声广等主编《水稻病虫草害防治原色生态图谱》，中国农业出版社，2010）

2.防治措施。

（1）农业防治。①健身栽培，增强植株抗病力，减少为害。②合理密植。

实行东西向宽窄行条栽，以利通风透光，降低田间湿度。③浅水勤灌，适时晒田。④合理施肥，控氮增钾。

（2）药剂防治。每亩用30%苯甲·丙环唑乳油15毫升，或5%井冈霉素水剂150毫升，或25%三唑酮可湿性粉剂50克，或12.5%烯唑醇可湿性粉剂20克，或50%多菌灵可湿性粉剂50克对水均匀喷雾防治。重病田需防治2次，间隔7～10天。

小常识

施药时田间要有水层，水稻分蘖末期后施药要增加用水量。

（三）水稻白叶枯病

水稻白叶枯病在各稻区都有发生，以沿海稻区发生较普遍。

1.症状特征。又称白叶瘟、地火烧、茅草瘟。细菌性病害，整个生育期均可受害，苗期、分蘖期受害最重。主要发生于叶片。初期在叶缘产生半透明黄色小斑，以后沿叶脉一侧或两侧或沿中脉发展成波纹状的黄绿或灰绿色病斑；病部与健部分界线明显；数日后病斑转为灰白色，并向内卷曲。空气潮湿时，新鲜病斑的叶缘上分泌出湿浊状的水珠或蜜黄色菌胶，干涸后结成硬粒，容易脱落（图3-40、图3-41）。

图3-40 水稻白叶枯病叶片为害状　　　图3-41 水稻白叶枯病田间为害状

2.防治措施。

（1）农业防治。①种植抗病品种，培育无病壮秧。②抓好肥水管理，整治排灌系统，平整土地，防止涝害，防止串灌、漫灌。

（2）药剂防治。①种子消毒：用三氯异氰尿酸300～500倍（即10克三氯异氰尿酸加水3～5千克）浸种3～5千克。浸种方法：先用温水预浸种12小时后，再用三氯异氰尿酸药液浸种12小时，然后捞起冲洗干净，用清水再浸12小时，捞起后即可催芽。可兼治恶苗病。②秧苗保护：秧苗在三叶一心期和移栽前喷药预防，每亩可用20%噻菌铜胶悬剂100毫升、或20%噻唑锌胶悬剂100毫升，或50%氯溴异氰尿酸可溶性粉剂40～60克对水均匀喷雾。③大田喷雾：水稻拔节后对感病品种要及早检查，如发现发病中心，应立即施药防治；大风雨后，特别是沿海地区台风过后，对受淹及感病品种稻田，都应喷药保护。所用药剂和剂量同秧苗保护。

（四）水稻螟虫

螟虫是我国水稻最为常见、为害最重的害虫之一，俗称"钻心虫"或"蛀心虫"。为害水稻的螟虫主要有：二化螟（图3-42、图3-43）、三化螟（图3-44、图3-45）和大螟（图3-46）三种。二化螟和大螟除为害水稻外

图3-42 二化螟卵块

（引自夏声广等主编《水稻病虫草害防治原色生态图谱》，中国农业出版社，2010）

图3-43 二化螟蛹和幼虫

（引自夏声广等主编《水稻病虫草害防治原色生态图谱》，中国农业出版社，2010）

图3-44 三化螟卵块

图3-45 三化螟老熟幼虫

图3-46　大螟幼虫

（引自夏声广等主编《水稻病虫草害防治原色生态图谱》，中国农业出版社，2010）

还为害玉米、小麦等禾本科作物，三化螟为单食性害虫，只为害水稻。大螟的危害性一般小于三化螟和二化螟。

1.为害特征。螟虫蛀食水稻茎部，为害分蘖期水稻，造成枯鞘和枯心苗（图3-47）；为害孕穗期、抽穗期水稻，造成枯孕穗和白穗（图3-48）；为害灌浆期、乳熟期水稻，造成半枯穗和虫伤株。为害株田间呈聚集分布，中心明显。大螟为害状与二化螟相似，但虫孔较大，有大量虫粪排出茎外，且田埂边为害较重。

图3-47　螟虫为害枯心状

（引自夏声广等主编《水稻病虫草害防治原色生态图谱》，中国农业出版社，2010）

图3-48　螟虫为害白穗状

（引自夏声广等主编《水稻病虫草害防治原色生态图谱》，中国农业出版社，2010）

2.防治措施。

（1）农业防治。灌水杀蛹以减少虫源，即在早春二化螟化蛹高峰期，灌深水（10厘米以上，要浸没稻桩）3～4天，能淹死大部分老熟幼虫和蛹。

（2）药剂防治。药剂防治应采取"狠治第一代，巧治第二代，治好第三代"的策略。

"两查两定"，防治枯鞘、枯心：一查卵块孵化进度以定防治适期，在螟卵孵化至一龄幼虫高峰期时用药防治。二查枯鞘团密度以定防治对象田，早稻分蘖期，螟卵孵化高峰后5～7天，枯鞘丛率5%～8%；晚稻分蘖期，螟卵孵化高峰后3～5天，枯鞘丛率5%～8%时，开始防治。

大田喷雾：每亩用20%氯虫苯甲酰胺胶悬剂10毫升，或40%氯虫·噻虫嗪水分散粒剂8～10克，或20%三唑磷乳油120毫升对水均匀喷雾。施药时要均匀喷雾，田中保持有水层，以确保防治效果。

（3）物理防治。羽化期可用太阳能杀虫灯或性诱剂诱杀成虫。

（五）稻纵卷叶螟

稻纵卷叶螟（图3-49）俗称刮青虫，是为害水稻的主要害虫。

1.为害特征。初孵幼虫取食心叶，出现针头状小点，也有先在叶鞘内为害，随着虫龄增大，吐丝

图3-49 稻纵卷叶螟成虫和幼虫

缀稻叶两边叶缘，纵卷叶片成圆筒状虫苞，幼虫藏身其内啃食叶肉，留下表皮呈白色条斑（图3-50），严重时"虫苞累累，白叶满田"（图3-51），以孕穗期、抽穗期受害损失最大。

图3-50 稻纵卷叶螟为害水稻叶片状

（引自夏声广等主编《水稻病虫草害防治原色生态图谱》，中国农业出版社，2010）

图3-51 稻纵卷叶螟田间为害状

（引自赵文生等主编《图说水稻病虫害防治关键技术》，中国农业出版社，2013）

2.防治措施。

（1）农业防治。合理施肥，适时烤搁田，降低田间湿度，防止稻株前期猛发嫩绿，后期贪青晚熟，可减轻受害程度。

（2）药剂防治。根据水稻孕穗期、抽穗期受害损失大的特点，药剂防治的策略为"狠治穗期世代，挑治一般世代"。

"两查两定"：一查稻纵卷叶螟消长和幼虫龄期以定防治适期，掌握二龄幼虫高峰前用药。二查有效虫量以定防治对象田，防治指标为，分蘖期每100丛40~50头、孕穗期每100丛20~30头有效虫量。

大田喷雾：在二龄幼虫高峰期施药，每亩用20%氯虫苯甲酰胺悬浮剂10毫升或40%氯虫·噻虫嗪水分散粒剂8~10克，或15%茚虫威悬浮剂12毫升，或1.8%阿维菌素乳油80~100毫升；在卵孵盛期至一龄幼虫高峰期施药，每亩用32%丙溴磷·氟铃脲可湿性粉剂50~60毫升，或25.5%阿维·丙溴灵乳油100毫升，或50%丙溴磷乳油100毫升，或40%毒死蜱乳油100毫升，或50%稻丰散乳油100毫升，对水均匀喷雾。

（六）稻飞虱（褐飞虱和白背飞虱）

褐飞虱广泛分布于国内各稻区。其食性专一，只有取食水稻和野生稻才能完成发育。

1.为害特征。褐飞虱以成虫（图3-52）和若虫（图3-53）群集稻丛基

图3-52　褐飞虱成虫(找原图更换)　　图3-53　褐飞虱若虫(找原图更换)

（引自夏声广等主编《水稻病虫草害防治原色生态图谱》，中国农业出版社，2010）　（引自夏声广等主编《水稻病虫草害防治原色生态图谱》，中国农业出版社，2010）

部吸汁为害，唾液中分泌有毒物质，因而稻株不仅因被吸食而耗去养分、谷粒千粒重减轻，秕谷粒增加，而且在虫量大时，引起稻株基部变黑、腐烂发臭，短期内水稻成团、成片死秆倒伏，导致严重减产或绝收（图3-54）。

　　白背飞虱（图3-55）虫口数量多时，受害水稻大量丧失水分和养料，上层稻叶黄化，下层叶则黏附飞虱分泌的蜜露而滋生烟霉，严重时稻叶变黑枯死，并逐渐全株枯萎。被害稻田渐现"黄塘"、"穿顶"或"虱烧"，造成严重减产或颗粒无收。

　　图3-54　褐飞虱爆发田间为害状

　　图3-55　白背飞虱成虫

（引自夏声广等主编《水稻病虫草害防治原色生态图谱》，中国农业出版社，2010）

　　2.防治措施。

　　（1）农业防治。①选用抗虫品种。②健身栽培：科学管理肥水，做到排灌自如，防止田间长期积水，浅水勤灌，适时搁田；同时合理用肥，防止田间封行过早、稻苗徒长荫蔽，增加田间通风和透光度，降低湿度，创造促进水稻生长而不利于飞虱滋生的田间小气候。③合理布局：相同生育期的水稻连片种植，可防止稻飞虱扩散转移，且便于集中统一进行防治。

　　（2）药剂防治。①防治指标：白背飞虱为百丛水稻上有虫1 000头以上，褐飞虱为孕穗期至抽穗期百丛水稻上有虫500头以上。②大田喷雾：每亩用25%噻嗪酮可湿性粉剂30～40克，或20%噻虫胺悬浮剂30～50毫升，或20%异丙威可湿性粉剂150～200克，或25%噻虫嗪水分散粒剂2～4克，或10%吡虫啉可湿性粉剂10～20克对水均匀喷雾。

◾ 棉花主要病虫害识别与防治

（一）棉花苗期病害

棉花苗期病害种类多，常见的有立枯病、炭疽病、猝倒病、红腐病等，其中立枯病和炭疽病发病比较普遍和严重。发病率一般为20%～30%，严重的达50%～90%。

1.症状特征。

（1）立枯病（图3-56）。棉苗根部和近地面茎基部出现长条形黄褐色斑，发病严重时整个病斑扩展为黑褐色，环绕整个根茎造成环状缢缩，导致整株枯死，枯死株根部腐烂。子叶受害，多在被害叶子上产生不规则黄褐色病斑，病部干枯脱落后形成穿孔。发病田常出现缺苗断垄。

（2）炭疽病（图3-57）。幼苗根茎部和茎基部产生褐色条纹，严重时纵裂、下陷，导致维管束不能正常吸水，幼苗枯死。子叶受害，多在叶的边缘产生半圆形或近半圆形褐色斑纹，田间空气湿度大时，可扩展到整个子叶。茎部被害多从叶痕处发病，形成黑色圆形或长条形凹陷病斑，病斑上有橘红色黏状物。

图3-56　棉花立枯病幼苗受害状

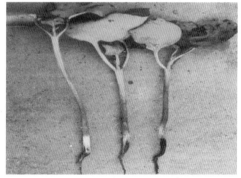

图3-57　棉花炭疽病幼苗受害状

2.防治措施。

（1）农业防治。①适时播种。早播则气温、土温偏低，延缓种苗出土时间，利于病菌侵入为害。晚播则不利于种苗生长，影响棉花产量。②加强田间管理。出苗后及时耕田松土，及时清除田间病残体。雨后注意中耕，防止土壤板结。③合理轮作。尽可能与其他作物实行三年以上轮作倒茬。

（2）药剂防治。①种子处理：每100千克种子用2.5%咯菌腈悬浮种衣剂2.5毫升包衣，或用1%武夷菌素水剂或2%宁南霉素水剂200倍液浸种24小时。②田间死苗率超过2%时，可用65%代森锰锌可湿性粉剂或70%甲基硫菌灵可湿性粉剂800～1 000倍液喷雾防治。

（二）棉花枯萎病

1.症状特征。棉花整个生育期均可受害，是典型的维管束病害。苗期症状有青枯型（图3-58）、黄色网纹型（图3-59）、黄化型（图3-60）、红叶型（图3-61）、矮缩型（图3-62）、萎蔫型（图3-63）等；蕾期症状有皱缩型、半边黄化型、枯斑型、顶枯型、光秆型等。种子带菌是造成病区迅速扩展的主要原因。

图3-58　棉花枯萎病青枯型病株

（引自马存主编《棉花枯萎病和黄萎病的研究》，中国农业出版社，2007）

图3-59　棉花枯萎病黄色网纹型病叶

图3-60　棉花枯萎病黄化型病株

图3-61　棉花枯萎病红叶型病株

图3-62　棉花枯萎病矮缩型（左）病株　　　　图3-63　棉花枯萎病萎蔫型病株

2.防治措施。

（1）农业防治。①种植抗病品种，严防从病区引种。②轮作倒茬。如与小麦、玉米等禾本科作物轮作。③加强栽培管理。增施底肥和磷肥，适期播种，及时定苗，拔除病苗，在苗期发病高峰前及时深中耕、勤中耕，及时追肥。④在病田定苗、整枝时，将病株枝叶及时清除，并在棉田外深埋或烧毁。

（2）药剂防治。①种子处理：每100千克种子用2%戊唑醇种子处理可分散粉剂200克拌种或用36%甲基硫菌灵悬浮剂170倍液浸种。②大田喷雾：用80%乙蒜素乳油1 000～1 500倍均匀喷雾。

（三）棉花黄萎病

1.症状特征。整个生育期均可发病。自然条件下幼苗发病少或很少出现症状。一般在3～5片真叶期开始显症，生长中后期棉花现蕾后田间大量发病，初在植株下部叶片上的叶缘和叶脉间出现浅黄色斑块，后逐渐扩展，叶色失绿变浅，主脉及其四周仍保持绿色，病叶出现掌状斑驳，叶肉变厚，叶缘向下卷曲，叶片由下而上逐渐脱落，仅剩顶部少数小叶（图3-64、图3-65）。蕾铃稀少，棉铃提前开裂，后期病株基部生出细小新枝。纵剖病茎，木质部上产生浅褐色变色条纹。夏季暴雨后出现急性型萎蔫症状，棉株突然萎垂，叶片大量脱落，严重影响棉花产量。

2.防治措施。

（1）农业防治。①选抗病品种。②轮作倒茬（同枯萎病）。③加强棉

图3-64　棉花黄萎病发病初期叶片为害症状　　图3-65　棉花黄萎病发病后期叶片为害症状

（引自马存主编《棉花枯萎病和黄萎病的研
究》，中国农业出版社，2007）

田管理。清洁棉田，减少土壤菌源，及时清沟排水，降低棉田湿度，使其不利于病菌滋生和侵染。平衡施肥，氮、磷、钾合理配比使用，切忌过量使用氮肥，重施有机肥，侧重施氮、钾肥。

（2）药剂防治。大田喷雾：用0.5%氨基寡糖素水剂400倍液，或80%乙蒜素乳油1 000～1 500倍液均匀喷雾。

（四）棉蚜

俗称腻虫，为世界性棉花害虫。中国各棉区均有发生，是棉花苗期的重要害虫之一。

1.为害特征。棉蚜以刺吸式口器插入棉叶背面或嫩头部分组织吸食汁液，受害叶片向背面卷缩，叶表有蚜虫排泄的蜜露，并往往滋生霉菌（图3-66）。棉花受害后植株矮小、叶片变小、叶数减少、现蕾推迟、蕾铃数减少、吐絮延迟。严重的可使蕾铃脱落，造成落叶减产。

图3-66　棉蚜为害状

2.防治措施。

（1）农业防治。①铲除杂草，加强水肥管理，促进棉苗早发，提高棉花对蚜虫的耐受能力。②采用麦—棉、油菜—棉、蚕豆—棉等间作套种。③结合间苗、定苗、整枝打杈，拔除有蚜株，并带出田外集中销毁。

（2）药剂防治。①种子处理：每100千克种子用600克/升吡虫啉悬浮种衣剂600～800毫升，或70%噻虫嗪种子处理可分散粉剂300～600克，对水1 000毫升混成均一药液，将药液倒在种子上，边倒边搅拌直至药液均匀附着到种子表面。兼治地下害虫。②大田喷雾：每亩用10%吡虫啉可湿性粉剂20～40克，或1%甲氨基阿维菌素苯甲酸盐乳油40～60毫升，或40%毒死蜱乳油75～150毫升，或3%啶虫脒乳油15～20毫升，或2.5%高效氯氟氰菊酯乳油10～20毫升，对水均匀喷雾。

（3）物理防治。采用黄板诱杀技术。

（4）生物防治。保护利用天敌。棉田中棉蚜的天敌主要有瓢虫、草蛉、食蚜蝇、食蚜螨、蜘蛛等。

小资料

　　新疆棉区试验证明，瓢虫、草蛉、食蚜蝇、食蚜螨、蜘蛛对棉蚜的控制能力依次减弱。

（五）棉铃虫

棉铃虫是棉花蕾铃期为害的主要害虫。我国黄河流域棉区、长

? 小思考

　　当地棉田蚜虫天敌的优势种群是哪几种？

江流域棉区受害较重。

1.为害特征。棉铃虫主要以幼虫蛀食棉蕾、花和棉铃，也取食嫩叶。为害棉蕾后苞叶张开变黄，蕾的下部有蛀孔，直径约5毫米，不圆整，蕾内无粪便，蕾外有粒状粪便，蕾苞叶张开变成黄褐色，2～3天后即脱落。青铃受害时，铃的基部有蛀孔，孔径粗大，近圆形，粪便堆积在蛀孔之外，赤褐色，铃内被食去一室或多室的棉籽和纤维，未吃的纤维和种子呈水渍状，成烂铃（图3-67）。1只幼虫常为害10多个蕾铃，严重时蕾铃脱落一半以上。

图3-67 棉铃虫为害棉铃症状

2.防治措施。

（1）农业防治。①秋耕冬灌，压低越冬虫口基数。②加强田间管理。适当控制棉田后期灌水，控制氮肥用量，防止棉花徒长。

（2）药剂防治。每亩用1%甲氨基阿维菌素苯甲酸盐乳油40～60毫升，或2.5%高效氯氟氰菊酯乳油20～60毫升，或15%茚虫威悬浮剂18毫升，或5%氟铃脲乳油100～160毫升，或40%辛硫磷乳油50～100毫升，或40%毒死蜱乳油75～150毫升，对水均匀喷雾。

（3）物理防治。①利用棉铃虫成虫对杨树叶挥发物具有趋性和白天在杨枝把内隐藏的特点，在成虫羽化、产卵时，在棉田摆放杨枝把，每亩放6～8把，日出前收集处理诱到的成虫。②在棉铃虫重发区和羽化高峰期，利用高压汞灯及频振式杀虫灯诱杀棉铃虫成虫。

（4）生物防治。①每亩用8 000国际单位苏云金杆菌可湿性粉剂200～300克，或10亿PIB/克棉铃虫核型多角体病毒可湿性粉剂100～150克，对水均匀喷雾。②每亩释放赤眼蜂1.5万～2万头，或释放草蛉5 000～6 000头。

（六）棉红蜘蛛

棉红蜘蛛也叫棉叶螨。广泛分布在全国各个棉区，是为害棉花的主要害虫之一。

1.为害特征。苗期至成熟期均有发生，以若螨和成螨群聚于叶背吸取汁液，被害棉叶先出现黄白色斑点，为害加重时叶片出现红色斑块，直到整个叶片变成褐色，干枯脱落（图3-68、图3-69）。

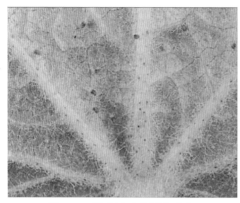 

图3-68　棉叶螨叶背面为害状　　　　　图3-69　棉叶螨叶片正面为害状

2.防治措施。

（1）农业防治。①冬春结合积肥清除田边地头杂草。②棉花采收后，及时将棉秆粉碎，并秋耕冬灌，消灭越冬虫源。

（2）药剂防治。每亩用15%哒螨灵乳油40毫升，或40%炔螨特乳油50～60毫升，或24%螺螨酯悬浮剂10～20毫升，对水均匀喷雾。

（七）棉盲蝽

近年来，随着抗虫棉的广泛种植和用药的减少，棉田害虫种群结构发生了相应变化，棉花盲蝽象（图3-70）由次要害虫上升为主要害虫，发生为害程度逐年加重。

图3-70　棉盲蝽成虫

（刘家魁提供）

1.为害特征。主要为害棉花的幼嫩部分，苗期为害生长点，可使棉花造成无头棉"公棉花""破头风"（图3-71、图3-72）。蕾期幼蕾受害，由黄绿色变黑变干，似"荞麦粒"，稍大的蕾受害后苞叶张开不久脱落，花铃期受害也会僵化脱落。

图3-71　棉盲蝽为害顶芽状

图3-72　棉盲蝽为害幼叶状

2.防治措施。

（1）农业防治。①实行秋翻冬灌，清除田间杂草，消灭越冬虫源。②苜蓿种植相邻的棉田，适当提早收割苜蓿，防止迁移扩散。

（2）药剂防治。每亩用20%丁硫克百威乳油5毫升+4.5%高效氯氰菊酯乳油40毫升，或40%毒死蜱乳油100～125毫升，或1%甲氨基阿维菌素苯甲酸盐乳油50毫升，或2.5%高效氯氟氰菊酯乳油10～20毫升，或3%啶虫脒乳油50毫升，对水均匀喷雾。

（3）生物防治。保护利用蜘蛛、寄生螨、草蛉以及卵寄生蜂等天敌。

■ 花生主要病虫害识别与防治

（一）花生叶斑病

花生叶斑病是花生生长中后期的重要病害，其发生遍及我国主要花生产区。轮作地发病轻，连作地发病重。重茬年限越长，发病越重，往往在收获季节前，叶片就提前脱落，这种早衰现象常被误认为是花生成熟的象征。花生受害后一般减产10%～20%，发病重的地块减产达40%以上。

1.症状特征。花生叶斑病包括褐斑病和黑斑病，两种病害均以危害叶片为主，在田间常混合发生于同一植株甚至同一叶片上，症状相似，主要造成叶片枯死、脱落。花生发病时先从下部叶片开始出现症状，后逐步向上部叶片蔓延，发病早期均产生褐色的小点，逐渐发展为圆形或不规则形病斑。褐斑病病斑较大，病斑周围有黄色的晕圈，而黑斑病病斑较小，颜色较褐斑病浅，边缘整齐，没有明显的晕圈。天气潮湿或长期阴雨，病斑可相互联合成不规则形大斑，叶片焦枯，严重影响光合作用。如果发生在叶柄、茎秆或果针上，轻则产生椭圆形黑褐色或褐色病斑，重则整个茎秆或果针变黑枯死（图3-73、图3-74）。

图3-73　花生叶斑病叶片被害状

图3-74　花生叶斑病田间为害状

2.防治措施。

（1）农业防治。①选用抗病品种。②轮作换茬。花生叶斑病的寄主单一，只侵染花生，尚未发现其他寄主，与禾谷类、薯类作物轮作，可以有效控制其危害，轮作周期以两年以上为宜。③清除病残体。花生收获后，要及时清除田间病残体，并深耕30厘米以上，将表土病菌翻入土壤底层，使病菌失去侵染能力，以减少病害初侵染来源。④合理施肥。结合整地，施足底肥，并做到有机肥、无机肥搭配，氮、磷、钾三要素配合，一般亩施有机肥4 000～5 000千克，尿素15～20千克，过磷酸钙40～50千克，硫酸钾10～15千克。同时在开花下针期还要进行叶面喷肥，每亩用尿素250克，磷酸二氢钾150克，对水均匀喷施。

（2）药剂防治。在发病初期，当病叶率达10%～15%时开始施药，每亩可用60%唑醚·代森联可分散粒剂60～100克，或80%代森锰锌可湿性粉剂60～75克，或50%多菌灵可湿性粉剂70～80克，或75%百菌清可湿性粉剂100～150克，每隔7～10天喷药一次，连喷2～3次。

（二）花生根腐病和茎腐病

花生根腐病和茎腐病属于土传真菌性病害。由于花生连年种植，发生和危害比较严重。一般减产15%左右，发病严重地块减产在30%以上，严重影响了花生的产量和品质。

1.症状特征。

（1）花生根腐病。俗称"鼠尾"，各生育期均可发病。花生播后出苗前染病，侵染刚萌发的种子，造成烂种不出苗；幼苗受害，主根变褐，植株枯萎；成株受害，主根根茎上出现凹陷长条形褐色病斑，根部腐烂易剥落，无侧根或很少，形似鼠尾（图3-75）。地上植株矮小，叶片黄，开花结果少，且多为秕果。

（2）花生茎腐病。俗称"倒秧病"、"掐脖瘟"。花生生长前期和中期发病，子叶先变黑腐烂，然后侵染近地面的茎基部及地下茎，初为水浸状黄褐色病斑，后逐渐绕茎或向根茎扩展形成黑褐色病斑，地上部分叶片变浅发黄，中午打蔫，第二天又恢复，发病严重时全株萎蔫，枯死（图3-76）。

图3-75 花生根腐病为害状

图3-76 花生茎腐病为害状

2.防治措施。

（1）农业防治。①选用优良抗病品种。②合理轮作和套种。可与禾本科作物小麦、玉米、谷子等轮作、套种。③加强田间管理。深翻改土，合理施肥，增施腐熟的有机肥，追施草木灰；及时中耕除草，促苗早发，生长健壮，增强花生抗病能力；及时拔除田间病株，带出销毁。④花生收获后及时深翻土地，以消灭部分越冬病菌。

（2）药剂防治。种子处理：每100千克种子用25克/升咯菌腈悬浮种衣剂100毫升，或350克/升精甲霜灵种子处理乳剂80毫升对适量水，对种子进行均匀包衣。

（三）花生白绢病

1.症状特征。花生白绢病是一种土传真菌性病害，多在成株期发生，主要危害茎基部、果柄、果荚及根。茎基病斑初期暗褐色，波纹状，逐渐凹陷，变色软腐，上被白色绢丝状菌丝层，直至植株中下部茎秆均被覆盖，最后茎秆组织呈纤维状，易折断拔起（图3-77）。天气潮湿时，菌丝层会扩展到病株周围土壤，形成暗褐色、油菜籽状菌核。

图3-77　花生白绢病为害状

2.防治措施。

（1）农业防治。①深翻改土，加强田间管理。②花生收获前，清除病残体；收获后深翻土壤，减少田间越冬菌源。

（2）药剂防治。①种子处理：可用50%多菌灵可湿性粉剂按种子量的0.5%拌种；或用50%甲基立枯磷乳油按种子量的0.2%～0.4%混拌。②喷雾防治：在花生结荚初期，每亩用50%多菌灵可湿性粉剂100～120克对水均匀喷雾。

（四）花生疮痂病

花生疮痂病是近几年新发现的一种真菌性病害，有逐年加重的趋势。

1.症状特征。该病主要为害叶片、叶柄及茎部。其症状特点是各患部均表现木栓化疮痂状斑，新抽生的病叶畸形扭曲，并出现大量圆形小斑点，中部淡黄褐色，稍凹陷，边缘红褐色，表面木栓化粗糙。

（1）叶片染病。叶两面产生圆形至不规则形小斑点，边缘稍隆起，中间凹陷，叶面上病斑黄褐色，叶背面为淡红褐色，具褐色边缘（图3-78、图3-79）。

图3-78　花生叶片背面受疮痂病为害状　　　图3-79　花生叶片正面受疮痂病为害状

（2）叶柄、茎部染病。初生卵圆形隆起的稍大病斑，长约3毫米，多数病斑融合时，引起叶柄及茎扭曲，上端枯死（图3-80）。

田间常表现为上部叶片卷曲，似鸡爪状，茎弯曲，病株略矮化，多呈点片发生（图3-81）。

图3-80　花生茎受疮痂病为害状　　　　图3-81　花生疮痂病田间为害状

2.防治措施。

（1）农业防治。①选用高产抗病品种。②清除病残体。花生成熟后要立即收获并全部转移，不要将植株放在田内晾晒，防止病残体遗留，减少下茬发病机会。

（2）药剂防治。每亩用30%苯醚·丙环唑乳油20毫升，或10%苯醚甲环唑水分散粒剂40克，对水均匀喷雾。

（五）花生蚜虫

花生蚜虫，俗称"蜜虫"，也叫"腻虫"，是我国花生产区的一种常发性害虫。一般减产20%～30%，发生严重的减产50%～60%，甚至绝产。

1.症状特征。在花生尚未出土时，蚜虫就能钻入幼嫩枝芽上危害，花生出土后，多聚集在顶端幼嫩心叶背面吸食汁液，受害叶片严重卷曲。始花后，蚜虫多聚集在花萼管和果针上为害，使花生植株矮小，叶片卷缩，影响开花下针和正常结实。严重时，蚜虫排出大量蜜露，引起霉菌寄生，使茎叶变黑，能致全株枯死（图3-82）。

图3-82　花生蚜虫为害状

2.防治措施。

（1）农业防治。及早清除田间周围杂草，减少蚜虫来源。

（2）药剂防治。①种子处理：每100千克种子用70%噻虫嗪种子处理可分散粉剂200克进行种子包衣，兼治地下害虫和蓟马。②大田喷雾：每亩用2.5%溴氰菊酯乳油20～25毫升，对水均匀喷雾，兼治棉铃虫。

（3）物理防治。用黄板20～25块/亩，于植株上方20厘米处悬挂于花生田间，可有效粘杀花生蚜虫。

（4）生物防治。保护利用瓢虫类、草蛉类、食蚜蝇类和蚜茧蜂类等天敌生物，当百墩蚜量4头左右，瓢虫∶蚜虫比为1∶（100～120）时，可利用瓢虫控制花生蚜的危害。

（六）花生蛴螬

蛴螬是危害花生的重要地下害虫，不仅可造成减产，同时也可诱发病害，形成果腐病。一般减产10%～30%，发病严重的甚至减产50%～80%。

1.为害特征。幼虫蛀食花生荚果，造成空洞和空果（图3-83）。

2.防治措施。

（1）农业防治。①合理轮作。与非豆科作物如甘薯、玉米、水稻等作物轮作两年以上，以有效破坏蛴螬的生存环境，减轻为害。②施用腐熟有机肥。按照每立方米粪肥加入25千克碳酸氢铵的比例，将粪肥与化肥充分混合后密闭腐熟，播种前再将处理过的腐熟粪肥施入田间，可有效减轻蛴螬的迁入为

图3-83　蛴螬为害花生果状

害。③秋季深翻可将害虫翻至地面，使其暴晒而死或被鸟雀啄食，可减少越冬虫源。

（2）药剂防治。①种子处理：每100千克种子用70%噻虫嗪种子处理可分散粉剂200～300克进行种子包衣。②撒施毒土：在花生荚果膨大期，每平方米有蛴螬1头以上，用50%辛硫磷乳油300～350毫升对适量水喷在25～30千克细沙土上拌匀制成毒土，顺垄撒施后浅锄或结合浇水。可兼治金针虫。

（3）物理防治。安装频振式杀虫灯诱杀蛴螬成虫，每30～40亩1台。

蔬菜主要病虫害识别与防治

（一）黄瓜苗期病害

黄瓜苗期病害主要有猝倒病、立枯病等，冬春育苗时苗床上普遍发生且危害严重。

1.症状特征。

（1）猝倒病。从种子发芽到幼苗出土前染病，造成烂种、烂芽，出土不久的幼苗最易发病。幼苗茎基部出现水渍状黄褐色病斑，迅速扩展后病部缢缩成线状，幼苗病势扩展极快，子叶凋萎之前，幼苗便倒折贴伏地面（图3-84）。刚刚倒折的幼苗依然绿色，故称之为猝倒病。

（2）立枯病。多在出苗一段时间后发病，在幼苗茎基部产生椭圆形褐

色病斑，病斑逐渐凹陷，扩展后绕茎一周造成病部收缩、干枯（图3-85）。病苗初为萎蔫状，随之逐渐枯死，枯死苗多立而不倒伏，故称之为立枯病。苗床湿度大时，病苗附近床面上常有稀疏的淡褐色蛛丝状霉，苗床上病害扩展较慢。

图3-84　黄瓜猝倒病幼苗受害状　　　　图3-85　黄瓜立枯病幼苗受害状

2.防治措施。

（1）农业防治。①种子要精选，催芽时间不宜过长，播种不要过密。②加强苗床管理。选用无菌新土作床土，最好换大田土。苗床要平整，土要细松。出苗后尽量不要浇水，必须浇水时必须选择晴天喷洒，切忌大水漫灌。③加强通风换气，促进幼苗健壮生长。

（2）药剂防治。①苗床药剂消毒。每平方米用50%多菌灵可湿性粉剂8～10克，拌细土1千克，撒施播种畦内。②药剂防治。防治猝倒病，每亩用72.2%霜霉威水剂100毫升，或25%嘧菌酯悬浮剂34克，对水均匀喷雾，视病情防治2～3次，用药间隔7天；防治立枯病，用72%霜脲·锰锌可湿性粉剂130～160克，对水均匀喷雾，间隔6～7天，视病情防治2～3次。

（二）黄瓜霜霉病

霜霉病为黄瓜主要病害，种植地区都有发生，显著影响产量。

1.症状特征。黄瓜全生育期均可发病，主要为害叶片。子叶染病初期出现不均匀的褪绿色黄斑，后形成不规则的枯黄斑，甚至子叶枯死。真叶染病，开始沿叶片边缘出现许多水渍状病斑，淡绿色，并很快发展成黄绿色至黄色的大斑，因受叶脉限制，病斑呈多角形（图3-86）。湿度大时病部背面出现灰黑色霉层。严重时病斑互相融合，叶片变成深褐色，边缘向上卷起，瓜秧自下而上干枯、死亡，有时仅留下绿色的顶梢（图3-87、图3-88）。

图3-86　黄瓜霜霉病叶片正面为害状

（李洪奎提供）

2.防治措施。

（1）农业防治。①培育无病壮苗。增施有机底肥，注意氮、磷、钾肥合理搭配。②浇水在晴天上午进行，避免雨天灌水，灌水后适时浅中耕。

图3-87　黄瓜霜霉病叶片背面为害状

图3-88　黄瓜霜霉病田间为害状

（2）药剂防治。每亩用250克/升吡唑醚菌酯乳油20～40毫升，或80%代森锰锌可湿性粉剂100克，或250克/升嘧菌酯悬浮剂45～80毫升，或80%烯酰吗啉水分散粒剂20～25克，或72%霜脲·锰锌可湿性粉剂130～160克交替对水均匀喷雾。间隔6～7天，视病情防治2～3次。

（三）黄瓜疫病

黄瓜疫病是一种发展迅速，流行性强，毁灭性的病害，故称为"疫病"。

1.症状特征。苗期、成株期均可发病。苗期发病多是子叶、根茎处呈暗绿色水浸状，很快腐烂而死。成株期发病，多在茎基部或节部、分枝处发病。先出现褐色或暗绿色水渍状斑点，迅速扩展成大型褐色、紫褐色病斑，表面长有稀疏白色霉层。病部缢缩，皮层软化腐烂，病部以上茎叶萎蔫，枯死。叶片发病产生不规则状、大小不一的病斑，似开水烫状，湿绿色，扩展迅速可使整个叶片腐烂，湿度大或阴雨时病部表面生有轻微的霉（图3-89）。瓜条发病先形成水渍状暗绿色病斑，略凹陷，湿度大时瓜条很快软腐，病部产生稀疏白霉（图3-90）。

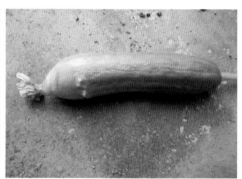

图3-89　黄瓜疫病茎基部受害状
（李洪奎提供）

图3-90　黄瓜疫病瓜条受害状

2.防治措施。

（1）农业防治。①选用抗病品种。②与非瓜类作物进行二年以上轮作。③加强栽培管理。选择排水良好的地块，采用深沟高垄种植，雨后及时排水。

（2）药剂防治。同黄瓜霜霉病。

（四）黄瓜细菌性角斑病

黄瓜细菌性角斑病是黄瓜上的重要病害之一。

1.症状特征。此病全生育期均可发生，可为害叶片、叶柄、卷须和果实，严重时也侵染茎蔓。幼苗多在子叶上出现水渍状圆病斑，稍凹陷，变褐枯死。成株叶片发病，最初产生水渍状小斑点，病斑扩大因受叶脉限制，形成多角形黄色病斑，潮湿时病斑外围具有明显水渍状圈，并产生白色菌脓，干燥时病斑干裂、穿孔（图3-91、图3-92）。瓜条和茎蔓病斑初期也是水渍状，后出现溃疡或裂口，并有菌脓溢出，病部干枯后呈乳白色，并有裂纹，瓜条病斑向深部腐烂。

图3-91　黄瓜细菌性角斑病叶片初期为害状　　图3-92　黄瓜细菌性角斑病叶片后期为害状
（李洪奎提供）

2.防治措施。

（1）农业防治。①选用抗病品种。②无病土育苗，移栽时施足底肥，增施磷钾肥，深翻土地，避雨栽培，清洁田园，保护地通风降湿等。

（2）药剂防治。每亩用3%中生菌素可湿性粉剂600～800倍液、77%氢氧化铜可湿性粉剂400～600倍液交替均匀喷雾。间隔6～7天，视病情防治2～3次。

图3-93　黄瓜白粉病叶片为害状
（李洪奎提供）

（五）黄瓜白粉病

1.症状特征。苗期至收获期均可染病，叶片发病重，叶柄、茎次之，果实受害少。发病初期叶面或叶背及茎上产生白色近圆形星状小粉斑，以叶面居多，后向四周扩展成边缘不明显的连片白粉，严重时整叶布满白粉（图3-93）。发病后期，白色粉斑因菌丝老熟变为灰色，病叶黄枯。有时病斑上长出成堆的黄褐色小粒点，后变黑，即病原菌的闭囊壳。

2.防治措施。

（1）农业防治。①选用抗病品种。②注意通风透光，合理用水，降低空气湿度。③施足底肥，增施磷钾肥，培育壮苗，增强植株抗病能力。

（2）药剂防治。每亩用25%嘧菌酯悬浮剂34克，或50%苯氧菊酯干悬浮剂17克，或50%烯酰吗啉可湿性粉剂60克交替对水均匀喷雾。间隔7～10天，视病情防治2～3次。

（六）黄瓜枯萎病

1.症状特征。幼苗发病，子叶萎蔫，胚茎基部呈褐色水渍状软腐，潮湿时长出白色菌丝，猝倒枯死。成株开花结瓜后陆续发病，开始阶段中午植株常出现萎蔫，早晚恢复正常，逐渐发展为不能恢复，最后枯死。病株茎基部呈水渍状缢缩，主蔓呈水渍状纵裂，维管束变成褐色，湿度大时病部常长有粉红色和白色霉状物，植株自下而上变黄枯死（图3-94）。

图3-94　黄瓜枯萎病田间为害状

（李洪奎提供）

2.防治措施。

（1）农业防治。①选用抗病品种。②与非瓜类作物进行2年以上轮作。③嫁接防病。

（2）药剂防治。定植时，每亩用50%多菌灵可湿性粉剂4千克拌细土撒入定植穴内。发病初期，可选用50%多菌灵可湿性粉剂500倍液、70%甲基硫菌灵可湿性粉剂400倍液，每株250毫升药液灌根，5～7天一次，连灌2～3次。

（七）黄瓜炭疽病

1.症状特征。该病在黄瓜各生育期都可发生，以生长中、后期发病较重，可危害叶片、茎和果实。幼苗多发生于子叶边缘，病斑呈半圆形或圆形，水渍状，渐由淡黄色变成灰色至深褐色，稍凹陷，潮湿时长出粉红色黏状物（图3-95），茎基部则出现变色、缢缩、倒伏。在成株叶片上初为水渍状小斑点，后变褐色近圆形病斑，有同心轮纹和小黑点，干燥时病斑易穿孔，外围有时有黄色晕圈（图3-96），严重时病斑连片，叶片干枯。茎和叶柄病斑长圆形或椭圆形，黄褐色，稍凹陷，严重时病斑连接，包围主茎，致使植株一部分或全部枯死。瓜条染病，病斑近圆形，初期为淡绿色水浸状小病斑，扩大后呈褐色凹陷，中央深褐色并长出小黑点，高湿时病斑上长有粉红色黏状物。

图3-95　黄瓜炭疽病幼苗子叶为害状　　　　图3-96　黄瓜炭疽病叶片为害状

2.防治措施。

（1）农业防治。①种子消毒。播种前种子用55℃温水浸种15分钟，或用40%福尔马林150倍液浸种30分钟，洗净后晾干播种。②高畦栽培。选择排水良好的地块，采用深沟高垄种植，雨后及时排水。

（2）药剂防治。每亩用10%苯醚甲环唑水分散粒剂15克，或50%咪鲜胺锰盐可湿性粉剂37～75克对水均匀喷雾。间隔6～7天，视病情防治2～3次。

（八）黄瓜根结线虫病

黄瓜根结线虫病是近年来危害黄瓜的一种主要根部病害，在温室、大棚和露地等黄瓜植株上都有发生，特别是在温室条件下，四季连续发病，一般减产30%～70%。

1.症状特征。此病主要为害根系。发病轻微时，植株局部叶片发黄，中午或天热时叶片显现萎蔫。发病较重时，植株矮化、瘦弱、长势差、叶片萎蔫、植株提早枯死。染病植株和幼苗在侧根和须根上形成许多根结，

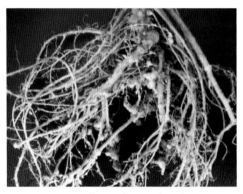

图3-97　黄瓜根结线虫病为害状

（李洪奎提供）

俗称"瘤子"，初为白色，后变淡灰褐色，表面有时龟裂（图3-97）。解剖根结，在病部组织里可见埋生许多鸭梨形极小乳白色虫体。

2.防治措施。

（1）农业防治。①选用无病土进行育苗，培育无病壮苗。②嫁接防病。用野生刺瓜与黄瓜嫁接，对南方根结线虫抗性强，增产幅度大。③合理轮作。与葱、蒜、韭菜等蔬菜实行两年以上轮作。发病重的地块最好与禾本科作物轮作，水旱轮作效果最好。④深翻土壤。病地深翻30～40厘米，把线虫集中的表土层翻入深层，可压低线虫数量，减轻危害。

（2）药剂防治。在定植期和生长期，用1%阿维菌素乳油3 000倍液灌根，每株250毫升，或每亩用10%噻唑磷颗粒剂1～2千克穴施或沟施，对根结线虫有良好的效果。

（九）番茄早疫病

1.症状特征。番茄早疫病或称轮纹斑病，主要危害叶片，也可危害茎部和果实。叶斑多呈近圆形至椭圆形，灰褐色，斑面具深褐色同心轮纹，斑外围具有黄色晕圈，有时多个病斑连合成大型不规则病斑。潮湿时斑面长出黑色霉状物（图3-98）。茎部病斑多见于茎部分枝处，初呈暗褐色菱形或椭圆形病斑，扩大后稍凹陷亦具有同心轮纹和黑霉。果实受害多从果蒂附近开始，出现椭圆形黑色稍凹陷病斑，斑面长出黑霉，病部变硬，果实易开裂，提早变红（图3-99）。

2.防治措施。

（1）农业防治。①选用抗病品种。②合理轮作。与非茄科作物实行3年以上轮作。③加强田间管理。实行高垄栽培，合理施肥，定植缓苗后要及时封垄，促进新根发生；温室内要控制好温度和湿度，加强通风透光管理；结果期要定期摘除下部病叶，深埋或烧毁，以减少传病的机会。

图3-98　番茄早疫病叶片为害状　　　　图3-99　番茄早疫病果实为害状

（2）药剂防治。①定植前土壤消毒，结合翻耕，每亩撒施70%甲霜·锰锌可湿性粉剂2.5千克，杀灭土壤中的残留病菌。②定植后，用1∶1∶200等量式波尔多液喷雾预防病害发生，隔10～15天喷洒1次。③发病初期，每亩可用25%嘧菌酯悬浮剂40克，或52.5%噁酮·霜脲氰可湿性粉剂40克对水均匀喷雾，间隔7～10天，视病情防治3～4次。

（十）番茄晚疫病

1.症状特征。番茄晚疫病在番茄的整个生育期均可发生，幼苗、茎、叶和果实均可受害，以叶和青果受害为重。幼苗染病，病斑由叶向叶脉和茎蔓延，使茎变细并呈黑褐色，植株萎蔫或倒伏，高湿条件下病部产生白色霉层（病菌的孢囊梗和孢子囊）；成株期染病，多从下部叶片发病，形成暗绿色水浸状边缘不明显的病斑，扩大后呈褐色（图3-100）。高湿时，叶背病健部交界处长出白霉，整叶腐烂，可蔓延到叶柄和主茎。茎秆染病产生暗褐色凹陷条斑，导致植株萎蔫。果实染病主要发生在青果上，病斑初呈油浸状暗绿色，后变成暗褐色至棕褐色，稍凹陷，边缘明显，云纹不规则，果实一般不变软，湿度大时其上长少量白霉，迅速腐烂（图3-101）。

2.防治措施。

（1）农业防治。①选用抗病品种。②加强肥水管理，改善通风透光条件。③及时清除中心病株。

（2）药剂防治。发病初期，可用72%霜脲·锰锌可湿性粉剂600倍液，

图3-100　番茄晚疫病叶片为害状　　　　图3-101　番茄晚疫病果实为害状

或75%百菌清可湿性粉剂600倍液，或77%氢氧化铜可湿性粉剂500倍液，或33.5%喹啉铜悬浮剂800~1 000倍液均匀喷雾。间隔7~10天，视病情防治3~4次。对温室大棚中的番茄，可用百菌清烟雾剂或粉尘剂防治，每亩用烟剂200~250克或粉尘剂1千克。

（十一）番茄灰霉病

1.症状特征。该病为害花、果实、叶片及茎。花器被害，多从开败的花及花托部侵入，造成褐色腐烂，并向花梗蔓延（图3-102）；果实染病青果受害重，残留的柱头或花瓣多先被侵染，后向果面或果柄发展，致果皮呈灰白色、软腐，病部长出大量灰绿色霉层，即病原菌的子实体，果实失水后僵化（图3-103）；叶片染病始自叶尖，病斑呈"V"字形向内扩展，

图3-102　番茄灰霉病花器为害状　　　　图3-103　番茄灰霉病果实为害状

（李洪奎提供）

初水浸状、浅褐色、边缘不规则、具深浅相间的轮纹，后干枯表面生有灰霉致叶片枯死（图3-104）；茎染病，开始亦呈水浸状小点，后扩展为长椭圆形或长条形斑，湿度大时病斑上长出灰褐色霉层，严重时引起病部以上枯死（图3-105）。

图3-104　番茄灰霉病叶片为害状　　　　图3-105　番茄灰霉病侧枝为害状

2.防治措施。

（1）农业防治。①发病初期要及时打去老叶，以利株间通风，降低田间湿度。②及时摘除病叶、病果，烧毁或深埋，以减少病原菌。③适当减少灌水，防止大水漫灌，采用滴灌和暗灌等灌溉技术，切忌阴天浇水。

（2）药剂防治。防治灰霉病用药适期非常关键，应抓住以下三个关键时期：第一次在定植前，用50%腐霉利可湿性粉剂1 500倍液或50%多菌灵可湿性粉剂500倍液喷淋番茄苗。第二次在蘸花（第一穗果开花）时，在配好的2，4-D或防落素稀液中加入0.1%的50%腐霉利可湿性粉剂或50%异菌脲可湿性粉剂、50%多菌灵可湿性粉剂进行蘸花或涂抹，使花器着药。第三次在果实膨大期，每亩用10%腐霉利烟剂或45%百菌清烟剂250克，熏一夜，隔7～8天再熏一次。发病初期每亩用50%乙烯菌核利可湿性粉剂100克、25%嘧菌酯悬浮剂34克对水喷雾，间隔10～15天，视病情防治2～3次。

（十二）番茄叶霉病

叶霉病是温室大棚种植番茄的主要病害，分布广泛，发生普遍。

1.症状特征。此病主要危害叶片，严重时也危害茎、果、花。叶片被

图3-106　番茄叶霉病叶片背面为害状

害时叶背面出现不规则或椭圆形淡黄或淡绿色的褪绿斑，初生白色霉层，后变成灰褐色或黑褐色绒状霉层（图3-106）。叶片正面淡黄色，边缘不明显，严重时病叶干枯卷曲而死亡。病株下部叶片先发病，逐渐向上部叶片蔓延。严重时可引起全株叶片卷曲。果实染病，从蒂部向四周扩展，果面形成黑色或不规则形斑块，硬化凹陷。

2.防治措施。

（1）农业防治。①合理轮作。与瓜类或其他蔬菜进行3年以上轮作。②加强棚内温湿度管理，适时通风，适当控制浇水，浇水后及时通风降湿，连阴雨天和发病后控制灌水。③合理密植，及时整枝打杈，以利通风透光。④实施配方施肥，避免氮肥过多，适当增加磷、钾肥。

（2）药剂防治。①温室消毒。栽苗前，每亩用45%百菌清烟剂200～300克熏闷，进行室内和表土消毒。②发病初期，可选10%苯醚甲环唑可湿性粉剂1 500～2 000倍液，或2%武夷菌素水剂500倍液，或250克/升嘧菌酯悬浮剂800～1 000倍液交替使用，间隔7～10天，视病情防治3～4次。如遇阴雨雪天气，每亩可用45%百菌清烟熏剂1千克烟熏，每7～10天烟熏1次，可与喷雾剂交替使用。

（十三）番茄黄化曲叶病毒病

1.症状特征。番茄黄化曲叶病毒病是一种毁灭性病害。发生初期主要表现为上部叶片黄化（叶脉间叶肉发黄），叶片边缘上卷，叶片变小，叶尖向上或向下扭曲，植株生长变缓或停滞，节间缩短，明显矮化；后期有些叶片变形焦枯，心叶出现黄绿不均斑块，且有凹凸不平的皱缩或变形，严重时叶片变小，果实变小（图3-107）。

2.防治措施。

（1）农业防治。①选用抗病品种。大果型品种抗病性明显。②防止种苗传毒。购买健康植株，防止种苗传毒。

（2）药剂防治。防治烟粉虱，预防病毒病的发生。用10%吡虫啉可湿性粉剂1 000倍液，或3%啶虫脒乳油2 000倍液，或20%噻嗪酮可湿性粉剂1 500倍液喷雾防治烟粉虱。配合利用10%异丙威烟剂，每亩500克熏棚，可杀死。

（3）物理防治。①采用50～60目防虫网覆盖栽培，防止烟粉虱进

图3-107　番茄黄化曲叶病毒病整株为害状

（李洪奎提供）

入温室内传播病毒。②采用黄板诱杀技术诱杀烟粉虱成虫。在植株上方20厘米处挂黄色诱虫板，每亩挂25～30块。

（十四）辣椒疫病

1.症状特征。苗期和成株期均可染病。苗期染病，茎基部靠近地面处出现水渍状腐烂，暗绿色，后呈猝倒或立枯状死亡。成株期染病，叶片上出现暗绿色、边缘不明显的圆形斑，叶片顶腐，病斑周围褪绿变黄（图3-108）；枝条及茎部染病，产生近黑色条斑，多从基部开始发病，病部常软腐，病部以上枝叶很快枯死（图3-109），高湿时病部产生白霉；果实染病多从蒂部开始发病，形成暗绿色水渍状斑，边缘不明显，果变褐、软腐（图3-110）。

图3-108　辣椒疫病叶片被害状

图3-109　辣椒疫病茎部被害状

（李洪奎提供）

图3-110　辣椒疫病果实为害状

2.防治措施。

（1）农业防治。①合理轮作。实行2～3年轮作，最好与十字花科蔬菜轮作。②科学管理。深沟高畦，合理密植，施足基肥（充分腐熟的农家肥），增施磷、钾肥，适控氮肥，并做到合理用水。

（2）药剂防治。①可用50%福美双可湿性粉剂与50%克菌丹可湿性粉剂等量混合，按每平方米用8～10克，加20千克干细土制成药土，用2/3垫种，1/3盖种。②每亩用72.2%霜霉威水剂80～100毫升，或25%嘧菌酯悬浮剂35～48毫升、52.5%噁酮·霜脲氰可湿性粉剂35～40克对水均匀喷雾。间隔7～10天，视病情防治2～3次。

（十五）辣椒炭疽病

炭疽病是辣椒的一种常见病害，各地普遍发生，通常减产20%～30%，严重地区也有减产50%以上的。叶、果均可能受害。

1.症状特征。发病初期叶片上出现水浸状褪绿斑，渐渐变成圆形病斑，中央灰白色，长有轮纹状黑色小点，边缘褐色。生长后期危害果实，成熟果受害较重，病斑长圆形或不规则形，褐色，水浸状，病部凹陷，上面常有不规则形隆起轮纹，密生黑色小点，空气湿度高时，边缘出现浸润圈。环境干燥时，病部组织失水变薄，很容易破裂（图3-111）。茎及果梗受害，病斑褐色凹陷，呈不规则形，表皮易破裂。

2.防治措施。

（1）农业防治。①选种抗病品种。②合理轮作。实行2～3年以上轮作，前茬最好是瓜类蔬菜或豆类蔬菜。③加强栽培管理。定植

图3-111　辣椒炭疽病果实为害状

（李洪奎提供）

前深翻土地，多施优质腐熟有机肥，增施磷、钾肥；避免栽植过密，采用高畦栽培、地膜覆盖。④适时采收，发现病果及时摘除。

（2）药剂防治。①药剂拌种：用2.5%咯菌腈悬浮种衣剂10毫升加水150毫升，混匀后可拌种5千克，包衣后播种。②喷雾防治：发病初期，可用50%咪鲜胺乳油1 000 ~ 1 500倍液，或80%代森锰锌可湿性粉剂600 ~ 800倍液，或75%百菌清可湿性粉剂1 000倍液，或50%多菌灵可湿性粉剂500倍液均匀喷雾。间隔7 ~ 10天，视病情防治2 ~ 3次。

（3）生物防治。温汤浸种。用55℃温水浸种10分钟，转冷水冷却，催芽播种；或先在清水中浸6 ~ 15小时，再用1%硫酸铜液浸5分钟，拌草木灰中和酸性后再行播种。

（十六）辣椒病毒病

病毒病为辣椒重要病害，分布广泛，发生普遍。一般减产30%左右，严重的高达60%以上，甚至绝产。

1.症状特征。常见症状有花叶、畸形和丛簇、条斑坏死等。花叶型病叶出现浓绿与淡绿相间的斑驳，叶片皱缩，易脆裂，或产生褐色坏死斑。叶片畸形和丛簇型，在初发时心叶叶脉褪绿，逐渐形成浓淡相间的斑驳，叶片皱缩变厚，并产生大型黄褐色坏死斑。叶缘上卷，幼叶狭窄如线状，病株明显矮化，节间缩短，上部叶呈丛簇状（图3-112）。果实感病后出现黄绿色镶嵌花斑，有疣状突起，果实凹凸不平或形成褐色坏死斑，果实变小，畸形，易脱落。条斑坏死型的叶片主脉出现黑褐色坏死，病情沿叶柄扩展到枝、主茎及生长点，出现系统坏死性条斑，植株明显矮化，造成落叶、落花、落果。

图3-112　辣椒病毒病为害状

2.防治措施。

（1）农业防治。①选用抗耐病品种。种子用10%磷酸钠溶液浸泡20 ~ 30分钟后洗净催芽。②施足底肥，采用地膜覆盖栽培，适时播种，培育壮苗。③生长期加强管理，高温季节勤浇小水。④夏季种植采用遮阳网覆盖，或与高秆遮阴作物间作，改善田间小气候。

（2）药剂防治。①防治蚜虫预防病毒病。见蔬菜蚜虫防治措施。②喷雾防治病毒病。可用20%吗胍·乙酸铜可湿性粉剂500倍液，或0.5%菇类蛋白多糖水剂400倍液均匀喷雾防治。

（十七）菜豆细菌性疫病

1.症状特征。主要侵染叶和豆荚，也侵染茎蔓和种子。带菌种子出苗后，子叶呈棕褐色溃疡斑，或在着生小叶的节上及第二片叶柄基部产生水浸状斑，扩大后为红褐色溃疡斑，病斑绕茎扩展，幼苗即折断干枯；成株

图3-113　菜豆细菌性疫病叶片为害状

（李洪奎提供）

期，叶片染病，始于叶尖或叶缘，初呈暗绿色油渍状小斑点，后扩展为不规则形褐斑，病组织变薄近透明，周围有黄色晕圈，发病重的病斑连合，终致全叶变黑枯凋或扭曲畸形（图3-113）。茎蔓染病，生红褐色溃疡状条斑，稍凹陷，绕茎一周后，致上部茎叶枯萎。豆荚染病，初也生暗绿色油渍状小斑，后扩大为稍凹陷的圆形至不规则形褐斑，严重时豆荚皱缩。种子染病，种皮皱缩或产生黑色凹陷斑。

2.防治措施。

（1）农业防治。①收获后彻底清除病残体，集中销毁，并深翻、晒土晾地，减少越冬病菌。②加强栽培管理。避免田间湿度过大，减少田间结露的条件。

（2）药剂防治。①种子消毒：用55℃恒温水浸种15分钟捞出后移入冷水中冷却，或用种子重0.3%的50%福美双可湿性粉剂拌种，或用72%农用硫酸链霉素可溶性粉剂500倍液浸种24小时。②发病初期，用77%氢氧化铜可湿性粉剂500倍液，或20%噻菌铜悬浮液600倍液，或30%琥胶肥酸铜可湿性粉剂500倍液，或72%农用硫酸链霉素可溶性粉剂

3 000 ~ 4 000倍液均匀喷雾防治。间隔7 ~ 10天，视病情防治2 ~ 3次。

（十八）白菜霜霉病

白菜霜霉病在全国各地普遍发生，是白菜三大病害之一。

1.症状特征。此病主要为害叶片，也能为害植株茎、花梗和种荚，整个生育期均可发病。大白菜莲座期叶片外叶开始染病，发病初期叶片背面出现淡绿色水渍状斑点，后扩大成黄褐色，病斑受叶脉阻隔成多角形，潮湿时叶片背面生白色霜霉状物（图3-114）。大白菜进入包心期后病情加速，从外叶向内发展，严重时脱落。留种植株发病，花梗肥肿、弯曲畸形、花瓣变绿，不易脱落，可长出白色霉状物，导致结实不良。

图3-114　白菜霜霉病叶片背面为害状

2.防治措施。

（1）农业防治。①选择抗病品种。②重病地与非十字花科蔬菜轮作2年以上。③加强栽培管理。提倡深沟高畦，密度适宜，及时清理水沟，保持排灌畅通；施足有机肥，适当增施磷、钾肥。

（2）药剂防治。发病初期，每亩用25%嘧菌酯悬浮剂30毫升或50%烯酰吗啉可湿性粉剂40克对水均匀喷雾。间隔7 ~ 10天，视病情防治2 ~ 3次。

（十九）白菜软腐病

1.症状特征。常见症状是在植株外叶上，叶柄基部与根茎交界处先发病，初水渍状，后变灰褐色腐烂，病叶瘫倒露出叶球，俗称"脱帮子"，并伴有恶臭；另一种常见症状是病菌先从菜心基部开始侵入引起发病，而植株外生长正常，心叶逐渐向外腐烂发展，充满黄色黏液，病株用手一拨即起，俗称"烂疙瘩"，湿度大时腐烂并发出恶臭（图3-115）。

2.防治措施。

（1）农业防治。①选用抗病品种。②避免与十字花科、葫芦科、茄科

图3-115 大白菜软腐病为害状

性粉剂80克对水均匀喷雾。间隔7~10天，视病情防治2~3次。

（二十）白菜病毒病

1.症状特征。 幼苗发病，心叶出现明脉或沿叶脉失绿，接着产生淡绿色与浓绿色相间的花叶或斑驳症状，继而心叶扭曲，皱缩畸形，停止生长，病株往往不能正常包心，俗称"抽疯"。成株期发病，受害较轻或后期染病植株虽能结球，但表现不同程度的皱缩、矮化或半边皱缩、叶球外黄化、内部叶片的叶脉和叶柄处出现小褐色病斑。叶球商品性差，不易煮烂。病株常不能抽薹而死亡。若能抽薹，花梗短小，结荚少，籽粒不饱满，发芽率低（图3-116）。

图3-116 大白菜病毒病为害状

蔬菜连作。③播种前2~3周深翻晒垄，促进病残体腐烂分解。④加强栽培管理。选择地势高、地下水位低和比较肥沃的地种植；适期晚播，高垄栽培；增施有机栏肥；发现病株及时拔除，并用生石灰消毒。

（2）药剂防治。发病初期，每亩用46.1%氢氧化铜水分散粒剂20克或47%春雷霉素·王铜可湿

2.防治措施。

（1）农业防治。①选用抗病品种。②肥水管理。施足基肥，增施磷、钾肥，控制少量氮肥。苗期遇高温干旱季节，必须勤浇水，降温保湿，促进白菜植株根系生长，提高抗病能力。③及时防治蚜虫。在蚜虫发生初期及时用吡虫啉等农药防治。在苗期7叶前每隔7~10

天防治蚜虫1次，也可用银灰色遮阳网或22目防虫网育苗避蚜防病。

（2）药剂防治。发病初期，可用0.5%菇类蛋白多糖水剂300倍液，或20%吗啉胍·乙酮可湿性粉剂500倍液均匀喷雾。间隔7～10天，视病情防治2～3次。

（二十一）蔬菜蚜虫

常见的蔬菜蚜虫有桃蚜、萝卜蚜和甘蓝蚜三种。

1.为害特征。萝卜蚜、甘蓝蚜主要为害十字花科蔬菜，前者喜食叶面毛多而蜡质少的蔬菜，如白菜、萝卜，后者偏食叶面光滑、蜡质多的蔬菜，如甘蓝、花椰菜。桃蚜除了为害十字花科蔬菜外，还为害番茄、马铃薯、辣椒、菠菜等蔬菜。菜蚜成蚜和若蚜群集在寄主嫩叶背面、嫩茎和嫩尖上刺吸汁液，造成叶片卷缩变形，影响包心，大量分泌蜜露污染蔬菜，诱发煤污病，影响叶片光合作用（图3-117）。同时为害留种植株嫩茎叶、花梗及嫩荚，使之不能正常抽薹、开花、结实。此外，蚜虫还传播多种病毒病，造成的为害远远大于蚜害本身。

图3-117　菜蚜为害状
（李洪奎提供）

2.防治措施。

（1）物理防治。①银灰膜避蚜。苗床四周铺宽约15厘米的银灰色薄膜，苗床上方挂银灰薄膜条，可避蚜，防病毒病。在菜田间隔铺设银灰膜条，可减少有翅蚜迁入传毒。②黄板诱杀。棚室内设置涂有黏着剂的黄板诱杀蚜虫。黄板规格30厘米×20厘米，悬挂于植株上方10～15厘米处，每亩20～30块。

（2）药剂防治。①每亩用3%除虫菊素微囊悬浮剂20克、10%吡虫啉可湿性粉剂30克，或25%噻虫嗪水分散粒剂3克，或15%哒螨灵乳油15～20毫升，或5%啶虫脒乳油15～20毫升对水均匀喷雾，间隔10～15天，视虫情防治2～3次。②保护地可选用灭蚜烟剂，每亩用400～500克，分散放4～5堆，用暗火点燃，冒烟后密闭3小时，杀蚜效果在90%以上。

（二十二）葱蓟马

1.为害特征。成虫、幼虫以锉吸式口器为害洋葱或大葱心叶、嫩芽及韭菜叶，受害处出现长条状白斑，严重时葱叶扭曲枯黄（图3-118）。

图3-118　葱蓟马为害状

（李洪奎提供）

2.防治措施。

（1）农业防治。①清除田间枯枝残叶，减少越冬基数。②勤浇水、勤锄草，以减轻为害。

（2）药剂防治。每亩可用25%噻虫嗪水分散粒剂4克，或3%啶虫脒乳油50毫升，或10%吡虫啉可湿性粉剂10克对水均匀喷雾。间隔6～7天，视虫情防治2～3次。

（3）物理防治。蓝板诱杀。棚室内设置涂有黏着剂的蓝板诱杀蚜虫，蓝板规格25厘米×40厘米，悬挂于植株上方10～15厘米处，每亩20～30块。

（二十三）红蜘蛛

红蜘蛛是为害蔬菜的红色叶螨的统称，是包括朱砂叶螨、截形叶螨的复合种群。各地均有分布，以朱砂叶螨和截形叶螨为害最重。前者主要为害瓜类，后者主要为害茄子、豆类等蔬菜。

1.为害特征。成螨和若螨群集叶背，常结丝网，吸食汁液。被害叶片初时出现白色小斑点，后褪绿为黄白色。严重时锈褐色，似火烧状，俗称"火龙"。被害叶片最后枯焦脱落，甚至整株枯死（图3-119）。茄果受害后，果实僵硬，果皮粗糙，呈灰白色。

图3-119　叶螨为害状

2.防治措施。

（1）农业防治。①从早春起

不断清除田间、地头、渠边杂草，可显著抑制其发生。②收获后，彻底清除田间残枝落叶、减少越冬螨源。秋季深翻菜地，破坏其越冬场所。③合理灌溉，适当施用氮肥，增施磷肥，促进蔬菜健壮生长，提高抗螨能力。

（2）药剂防治。可用15%哒螨灵乳油1 500倍液，或2%阿维菌素乳油3 000～4 000倍液均匀喷雾防治。用药间隔7～10天，视虫情防治1～3次。

（二十四）菜蛾

菜蛾，属鳞翅目菜蛾科，又名小菜蛾，是十字花科蔬菜上最普遍和最严重的害虫之一。

1.为害特征。初龄幼虫仅能取食叶肉，留下表皮，在菜叶上形成一个透明的斑，农民称为"开天窗"，3～4龄幼虫可将菜叶食成孔洞和缺刻，严重时全叶被吃成网状（图3-120）。在苗期常集中心叶为害，影响包心。在留种菜上，为害嫩茎、幼荚和籽粒，影响结实。

2.防治措施。

（1）农业防治。①合理布局，避免十字花科蔬菜周年连作。②蔬菜收获后及时处理残株败叶或立即耕翻，可消灭大量虫源。

图3-120　菜蛾幼虫为害状

（2）药剂防治。在卵盛期，每亩用10%虫螨腈悬浮剂30毫升，或15%茚虫威悬浮剂30毫升，或24%甲氧虫酰肼悬浮剂20～30毫升，或5%氯虫苯甲酰胺悬浮剂30～55毫升，或2.5%多杀霉素悬浮剂50毫升，对水均匀喷雾。间隔7天，视虫情防治2～3次。

（3）物理防治。安装频振式杀虫灯诱杀成虫。

（4）生物防治。可用苏云金杆菌乳剂500～800倍液均匀喷雾防治。

（二十五）菜粉蝶

菜粉蝶，属鳞翅目，粉蝶科，幼虫称菜青虫。

1.为害特征。以幼虫食叶为害。2龄前只能啃食叶肉，留下一层透明的表皮；3龄后可食整个叶片，轻则虫口累累，重则仅剩叶脉，影响植株生长发育和包心，造成减产。此外，虫粪污染花菜球茎，降低商品价值（图3-121）。在白菜上，虫口还能导致软腐病。

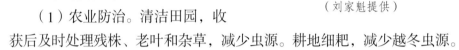

图3-121　菜粉蝶幼虫为害大白菜叶片状
（刘家魁提供）

2.防治措施。

（1）农业防治。清洁田园，收获后及时处理残株、老叶和杂草，减少虫源。耕地细耙，减少越冬虫源。

（2）药剂防治。参考菜蛾防治。

（3）生物防治。可用苏云金杆菌乳剂500～800倍液均匀喷雾防治。

！温馨提示

　　由于菜青虫世代重叠现象严重，3龄后幼虫食量加大，耐药性增强。因此，施药应在2龄以前。

（二十六）甜菜夜蛾

　　甜菜夜蛾，属鳞翅目，夜蛾科，是一种世界性分布、间歇性大发生、以危害蔬菜为主的杂食性害虫。

　　1.为害特征。初孵化幼虫群集叶背取食叶肉，吐丝结网，在其内取食叶肉，留下表皮，成透明的小孔。3龄后将叶片吃成孔洞或缺刻，严重时剩叶脉和叶柄，致使菜苗死亡，造成缺苗断垄，甚至毁种（图3-122、图3-123）。3龄以上的幼虫尚可钻蛀青椒、番茄果实，造成落果、烂果。

　　2.防治措施。

　　（1）农业防治。秋耕或冬耕，可消灭部分越冬蛹。

　　（2）药剂防治。参考菜蛾防治。

图3-122 甜菜夜蛾幼虫绿色型为害状

图3-123 甜菜夜蛾幼虫黑色型
（李洪奎提供）

（3）物理防治。①采用频振式杀虫灯诱杀成虫。②采用性诱剂诱杀成虫。

（二十七）粉虱

为害蔬菜的粉虱主要有温室白粉虱和烟粉虱，都属于同翅目，粉虱科。分布广泛，可为害十字花科、葫芦科、豆科等多种蔬菜。二者成虫的主要区别在于，温室白粉虱左右翅合拢平坦（图3-124），烟粉虱左右翅合拢呈屋脊状（图3-125）。

图3-124 温室白粉虱成虫

图3-125 烟粉虱成虫

1.为害特征。温室白粉虱和烟粉虱通常群集在叶背刺吸植物汁液为害（图3-126、图3-127）。被害叶片褪绿变黄、萎蔫或枯死。成虫和若虫分泌的蜜露诱发煤污病，影响叶片光合作用，污染叶片和果实，严重时使蔬菜

图3-126 粉虱为害南瓜叶片状

图3-127 粉虱为害番茄叶片状

失去商品价值。另外，两种粉虱均可传播多种病毒病。

2.防治措施。

（1）农业防治。①注意换茬。在保护地秋冬茬栽培白粉虱不喜好的半耐寒叶菜，如芹菜、韭菜、生菜等，从越冬环节上切断其自然生活史。②培育无虫苗。冬春季加温苗房避免混栽，清除残株、杂草和熏蒸残存成虫，在门口和通风口设置防虫网，控制外来虫源。

（2）药剂防治。①熏烟法：每亩用22%敌敌畏烟熏剂0.5千克，于傍晚密闭熏杀成虫，或每亩用80%敌敌畏乳油0.3～0.4千克，加锯末适量点燃（无明火）熏杀。②喷雾法：害虫发生初期，每亩用10%吡虫啉可湿性粉剂1 000～1 500倍液，或1.8%阿维菌素乳油2 000～3 000倍液，或25%噻嗪酮可湿性粉剂1 500倍液，或2.5%联苯菊酯乳油1 000～1 500倍液、2.5%高效氯氟氰菊酯乳油2 000～3 000倍液等喷雾防治，间隔10天。

（3）物理防治。黄板诱杀。在粉虱发生初期，将涂有黏着剂的黄板，均匀悬挂于植株上方，黄板底部与植株顶端相平，或略高于植株顶端，每亩20～30块。

（二十八）美洲斑潜蝇

美洲斑潜蝇，属双翅目，潜蝇科，主要为害黄瓜、西葫芦、辣椒、番茄、马铃薯、茄子、菜豆、豇豆、蚕豆、豌豆，以及萝卜、白菜、芹菜等多种蔬菜。

1.为害特征。幼虫、成虫均可为害。幼虫钻入叶片取食叶肉组织，形成的潜道通常为白色，带湿黑或干褐区域，典型的蛇形，盘绕紧密，形状不规则（图3-128）。成虫产卵、取食也造成伤斑，严重时叶片脱落。叶菜类被害不能食用。同时，虫体活动还能传播病毒，叶片被害留下的伤口也为一些病菌的侵入提供条件。

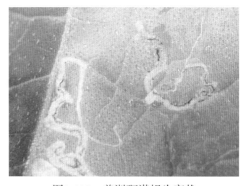

图3-128　美洲斑潜蝇为害状

2.防治措施。

（1）农业防治。收获后及时清除寄主残体，夏季大棚蔬菜换茬时灌水高温闷棚5天以上，减少虫源。

（2）药剂防治。在成虫高峰期至卵孵化盛期或低龄幼虫高峰期中，瓜类、茄果类、豆类蔬菜某叶片有幼虫5头、幼虫2龄前、虫道很小时，用2%阿维菌素乳油3 000～4 000倍液，或4.5%高效氯氰菊酯乳油1 500倍液喷雾防治。

（3）物理防治。黄板诱杀。在成虫发生盛期，每亩设置黄板20～30块。

■ 苹果主要病虫害识别与防治

（一）苹果腐烂病

苹果腐烂病俗称"烂皮病"、"臭皮病"，是我国北方苹果树重要病害之一。主要为害结果大树，造成树势衰弱、枝干枯死，严重时死树、毁园。

1.症状特征。腐烂病主要为害果树的枝干，尤其是主干分叉处最易发生，还可为害小枝、幼树和果实。其症状表现主要有溃疡型和枯枝型两种。溃疡型在早春树干、枝树皮上出现红褐色，略隆起，水渍状、圆至长圆形病斑。质地松软，手压凹陷，病部常流出黄褐色汁液，病皮极易剥离。腐烂皮层鲜红褐色，湿腐状，有酒糟味。有时病斑呈深浅相间的轮状，边缘不清晰。发病后期，病部失水干缩，变黑褐色下陷，边缘清晰，其上产生小黑点。潮湿时，小黑点排出黄褐色卷须状物（图3-129）。枝枯型在春季2～5年生枝上出现病斑，边缘不清晰，不隆起，不呈水渍状，后失水干枯，密生小黑粒点（图3-130）。

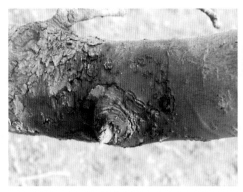

图3-129 苹果树腐烂病溃疡型症状

（引自窦连登等主编《苹果病虫防治第一书》，中国农业出版社，2013）

图3-130 苹果树腐烂病枯枝型症状

（引自窦连登等主编《苹果病虫防治第一书》，中国农业出版社，2013）

2.防治措施。

（1）农业防治。①加强栽培管理，增强树势。合理灌水，秋控春灌；平衡施肥，增施有机肥和磷、钾肥；树干涂白，防止冻害；尽量减少并保护各种伤口，剪锯口需及时用843康复剂涂抹。②清除菌源。及时剪除病枝，刮除病斑，刮除病翘皮等病残组织，并集中带出园外销毁。③桥接复壮。对病斑过大，影响上下养分输送的枝干，可于春季选一年生健壮枝作为接穗，在病斑上下边缘实行多枝桥接，绑紧即可。

（2）药剂防治。①刮治病斑：春季3～4月份是刮治的最好时期。将病变组织及带菌组织彻底刮除，刮除要光滑，以利伤口愈合；刮后必须涂药并妥善保护伤口。涂药可选5%辛菌胺水剂30～50倍液、或45%代森铵水剂50～100倍液、或3%甲基硫菌灵糊剂6～9克/米^{2}涂抹。此病易复发，夏秋应及时检查补治。②喷雾防治：在果树落叶后（11～12月）和早春萌芽前（3月中旬至4月上旬）两个关键时期，全树喷施45%代森铵水剂400～500倍液或3～5波美度石硫合剂。

（二）苹果轮纹病

苹果轮纹病又叫粗皮病、水烂病，是我国苹果产区的主要果实病害之一。

1.症状特征。苹果轮纹病主要危害苹果树的枝干和果实。危害枝干的后期，树皮粗糙（图3-131）。危害果实多发生于近成熟期和贮藏期，尤以贮藏期为主。果实受害时，以皮孔为中心，生成水渍状褐色小斑点，并很快成同心轮纹状，向四周扩大，呈淡褐色或褐色，并有茶褐色的黏液溢出。病斑扩展迅速，几天内全果腐烂，并有酸臭味。烂果多不凹陷，果形不变，病斑中心表皮下散生黑色粒点，失水后变为黑色僵果（图3-132）。

图3-131 苹果轮纹病枝干被害状

（引自窦连登等主编《苹果病虫防治第一书》，中国农业出版社，2013）

图3-132 苹果轮纹病果实被害状

（引自窦连登等主编《苹果病虫防治第一书》，中国农业出版社，2013）

2.防治措施。

（1）农业防治。搞好果园卫生。发芽前彻底刮除枝干上的瘤斑及干腐病斑，集中处理。

（2）药剂防治。①刮治病斑：刮除病斑后涂5～10波美度的石硫合剂或45%代森铵水剂50～100倍液。②喷雾防治：可选用70%甲基硫菌灵可湿性粉剂1 000～1 200倍液；1：2：200倍波尔多液；10%苯醚甲环唑水分散粒剂2 000倍液；50%多菌灵可湿性粉剂600～800倍液；80%代森锰锌可湿性粉剂800～1 000倍液喷雾。从落花后7～10天开始，10天左右喷一次，连喷2～3次，套袋果在套袋前5～7天再喷一次；不套袋果园应连续喷药至9月上中旬。

　　苹果轮纹病的病菌具有潜伏侵染的特点，幼果受侵染不立即发病，果实近成熟至采收期发病较重。注意在苹果落花后立即喷药防治，减轻烂果。

（三）苹果炭疽病

　　苹果炭疽病又叫苦腐病、晚腐病，我国大部分苹果产区均有发生。

　　1.症状特征。主要危害果实。6～9月份均可发生，以7～8月份为盛发期，近成熟的果实受害严重。发病初期果面出现淡褐色水浸状小圆斑并迅速扩大，向果心呈漏斗状变褐，表面下陷，呈深浅交替的轮纹，遇环境适宜便迅速腐烂，而不显轮纹。当病斑扩大至1～2厘米时，在病斑表面下形成许多小粒点，呈同心轮纹状排列，表面湿度大时，小粒点溢出粉红色分生孢子团。病斑扩展迅速，常导致全果腐烂、脱落，病果失水干缩成黑色僵果（图3-133）。

图3-133　苹果炭疽病果实被害状

（引自窦连登等主编《苹果病虫防治第一书》，中国农业出版社，2013）

　　2.防治措施。

　　（1）农业防治。①清除越冬病源。结合冬季修剪，彻底清除树上枯死枝、病虫枝、干枯果台和小僵果，减少侵染来源。②休眠期防治。重病区在果树近发芽前喷3～5波美度的石硫合剂一次，清除树体越冬菌源。

　　（2）药剂防治。生长期喷药保护果实：谢花后半月开始喷第一次药剂，根据降雨情况每隔10天左右喷一次。套袋苹果连喷2～3次即可，不套袋果一般可连喷5～7次。可选用50%多菌灵可湿性粉剂600～800倍液，或60%唑醚·代森联水分散粒剂1 500倍液，或10%苯醚甲环唑水分散粒剂2 000倍液，或70%代森联干悬浮剂800倍液，或70%丙森锌可湿性粉剂1 000～1 500倍液均匀喷雾防治。

（四）苹果斑点落叶病

苹果斑点落叶病又称褐纹病，是我国苹果产区主要叶部病害之一。

1.症状特征。主要为害苹果叶片，也危害新梢和果实，影响树势和产量。叶片染病初期出现褐色圆点，其后逐渐扩大为红褐色，边缘紫褐色，病部中央常具一深色小点或同心轮纹。天气潮湿时，病部正反面均可长出墨绿色至黑色霉状物（图3-134）。

图3-134　苹果斑点落叶病病状

（引自窦连登等主编《苹果病虫防治第一书》，中国农业出版社，2013）

2.防治措施。

（1）农业防治。①冬季合理修剪，剪除徒长枝和病枝，清除落叶、病果，集中深埋或带出院外烧毁，减少初侵染源。②合理施肥，及时排水，改善果园生态条件，增强果园通透性，减少病害发生。

（2）药剂防治。在发芽前全树喷施1次45%代森铵水剂300倍液或45%晶体石硫合剂30～50倍液。在春季高峰期，往年发病严重地区在花芽露红期即开始喷药防治；一般果园从落花后10～20天开始防治，10～15天1次，连喷2～3次。秋季高峰期，从8月上中旬开始喷药，连喷两次左右。药剂可选用：60%唑醚·代森联水分散粒剂1 500倍液，或10%多抗霉素可湿性粉剂1 000～1 500倍液，或80%代森锰锌可湿性粉剂800倍液，或50%异菌脲可湿性粉剂1 000倍液，或50%戊唑醇水分散粒剂3 000倍液、或10%苯醚甲环唑水分散粒剂2 500倍液等。

⚠️ 温馨提示

防治苹果叶部病害时，应在6月中旬气温回升后，间隔10～15天左右喷施1：2：（200～240）倍波尔多液2～3次，并与上述药剂交替使用。不套袋中熟品种，采收前1～1.5个月不宜使用波尔多液，以免污染果面。

（五）苹果褐斑病

苹果褐斑病又称绿缘褐斑病，在我国各苹果产区均有发生，是引起苹果早期落叶的主要病害之一。为害严重年份中，常造成苹果早期大量落叶，削弱树势，果实不能正常成熟，对花芽分化和果品产量、质量都有明显影响。

1.症状特征。主要为害叶片，也可侵染果实，叶片上病斑初为褐色小点，后发展为轮纹型（褐色小点逐渐扩大为圆形，中心为暗褐色）、针芒型（病斑似针芒状向外扩展，无一定边缘）、混合型（病斑大，暗褐色，不规则，其上有小黑粒点）。三种病斑都使叶部发黄，但病斑边缘仍保持绿色，形成晕圈，这是本病的主要特征（图3-135）。果实发病形成近圆形褐色病斑，中部凹陷，边缘清晰，直径6～12毫米，散生黑色小点，病斑处果肉呈

图3-135　苹果褐斑病叶片被害状

（引自窦连登等主编《苹果病虫防治第一书》，中国农业出版社，2013）

褐色海绵状干腐。

2.防治措施。

（1）农业防治。①清洁果园。秋末冬初彻底清扫落叶，集中销毁或深埋。②加强栽培管理。采取多施有机肥，增施磷、钾肥，平衡施肥；合理修剪，通风透光，合理灌溉，及时排水，降低果园湿度，增强树势，提高树体的抗病能力。

（2）药剂防治。往年发病前10天左右开始喷药，根据各地的物候期和春雨早晚，确定生长期的第一次喷药日期，一般为6月上中旬。如果春雨早、雨量较多，首次喷药时间应相应提前。喷药次数也应根据雨季长短和发病情况而定，一般第一次喷药后每隔15天左右喷药一次，连喷4～6次。常用药剂有1：2：200倍波尔多液，或80%代森锰锌可湿性粉剂800倍液，或50%多菌灵可湿性粉剂600～800倍液等。

苹果斑点落叶病和褐斑病的区别

1.症状。斑点落叶病病斑圆形或椭圆形，周围有红色晕圈，边缘清晰，天气潮湿时，病斑反面长出黑色霉层；褐斑病病斑褐色，引起叶片变黄，但病斑边缘仍保持绿色形成晕圈，不清晰，后出现黑色小点。

2.发生部位。斑点落叶病主要为害嫩叶，尤其是叶龄在20天内的新叶，因此新梢抽生期为斑点落叶病发生盛期；褐斑病首先在内膛枝及下部叶片开始发病，逐渐向外扩展。

3.发生时间。斑点落叶病发生早，发生于5月中旬前后；褐斑病发生晚，发生于6月下旬。

4.品种。新红星、红香蕉、青香蕉等均有发生。红富士发生斑点落叶病轻；褐斑病红富士、新红星发生均较重。

5.危害程度。褐斑病重于斑点落叶病。

（六）苹果白粉病

苹果白粉病在全国各苹果产区均有发生。该病除为害苹果外，还可为害梨、槟沙果、海棠等。

1.症状特征。该病主要为害花芽、叶片、新梢等幼嫩组织，也可侵染幼果，病部表面布满白粉是此病的主要特征。芽受害，重病芽当年枯死，轻病芽第二年萌发形成白粉病梢。叶片受害后，表面初产生白色粉斑，病叶凹凸不平，严重时叶片正反两面布满白粉、卷曲、质脆而硬（图3-136）。病果多在萼洼

图3-136　苹果白粉病叶片被害状

93

和梗洼处产生白色粉斑，果实长大后形成锈斑。花器受害，花萼、花梗畸形，花瓣细长，严重的不能结果。

2.防治措施。

（1）农业防治。①加强栽培管理。配方施肥、合理灌溉、增强树势。②清洁田园。结合冬剪剪除病梢、病芽，早春复剪时剪除新发病的枝梢、病芽，集中烧毁或深埋。

（2）药剂防治。春季果树发芽前，喷3～5波美度石硫合剂或80%硫磺水分散粒剂500倍液，花后10天结合防治其他病虫害，再喷药1次。可选用10%醚菌酯悬浮剂600～1 000倍液，或5%己唑醇悬浮剂1 000～1 500倍液，或10%苯醚甲环唑水分散粒剂2 000～3 000倍液。

（七）苹果蚜虫

1.为害特征。苹果园发生的蚜虫主要有绣线菊蚜（黄蚜）、苹果瘤蚜和苹果绵蚜3种。

苹果绣线菊蚜以成蚜、若蚜群集为害新梢、幼芽和叶片，受害叶片向叶背横卷（图3-137）。为害盛期在5～6月。

苹果瘤蚜以成、若蚜群集叶片、嫩芽吸食汁液，受害叶边缘向背面纵卷成条筒状（图3-138）。为害略早于苹果黄蚜，苹果落花后到麦收前是该虫一年中为害的主要时期。

图3-137 绣线菊蚜为害状 　　　　　图3-138 苹果瘤蚜为害状
（缪玉刚提供） 　　　　　　　　　（缪玉刚提供）

苹果绵蚜常群集于苹果的枝干、枝条、剪锯口、树皮裂缝及根部为害，吸取树体汁液。虫体上覆盖白色絮状物是识别该虫的重要依据（图3-139）。为害盛期在5月下旬到7月上旬。

2.防治措施。

（1）农业防治。在休眠期可结合叶螨、介壳虫的防治，在果树发芽以前喷施95%的机油乳剂或45%晶体石硫合剂，可以杀死越冬的蚜卵。

图3-139　苹果绵蚜为害状

（引自窦连登等主编《苹果病虫防治第一书》，中国农业出版社，2013）

（2）药剂防治。①药剂涂干：4月下旬至5月上旬，蚜虫初发期，先将主干上部或主枝基部粗皮刮净；涂药剂于刮皮部位，宽约6厘米；涂药后用塑料布包好，3～5天即可见效。药剂可选用10%吡虫啉可湿性粉剂10倍液。②喷药防治：防治绣线菊蚜从嫩梢蚜虫发生初期开始施药，7～10天一次，连喷两次即可；防治瘤蚜、绵蚜的关键时期是萌芽后至开花前，进一步杀灭越冬虫源。后期继续用药防治，常用药剂有10%吡虫啉可湿性粉剂2 000～3 000倍、3%啶虫脒乳油2 000倍、48%毒死蜱乳油1 500倍液。

（3）生物防治。保护利用天敌。天敌主要种类有瓢虫（图3-140）、草蛉、食蚜蝇、小黑花蝽、日光蜂（图3-141）、蚜小蜂等。

图3-140　瓢虫捕食绣线菊蚜

图3-141　日光蜂寄生苹果绵蚜（黑色虫体）

> ⚠ **温馨提示**
>
> 　　苹果绵蚜作为检疫性有害生物，远距离传播主要靠苗木和接穗。应加强检疫，禁止从绵蚜发生地区调入苗木、接穗。如果发现已调入的苗木或接穗上有绵蚜，要用10%吡虫啉可湿性粉剂1 500倍液浸泡2～3分钟，进行灭蚜处理。

（八）金纹细蛾

　　金纹细蛾属鳞翅目，细蛾科，又名金纹小潜叶蛾、苹果细蛾，俗名苹果潜叶蛾。该虫广泛分布于我国各苹果产区。发生严重的果园，造成大量落叶，影响树势。

　　1.为害特征。该虫一年发生5～6代，以蛹越冬。初孵幼虫先从叶片背面蛀入，潜食叶片海绵组织，使叶背产生黄色斑点，以后逐渐扩大，形成黄豆粒大小鼓起的椭圆形虫斑，里面充满黑色虫粪，叶正面呈现网眼状细小黄白色斑点，继而虫蛀干枯。当叶片有数块虫斑时，全叶皱缩，提前脱落（图3-142）。

图3-142　金纹细蛾为害苹果叶片状

　　2.防治措施。

　　（1）农业防治。①秋、冬季彻底清洁果园，消灭落叶中的越冬蛹。②利用第一代卵喜欢产在苹果根蘖苗上的习性，在早春保留根蘖苗，富集虫卵。③苹果谢花后，全部铲除根蘖苗，消灭上面的虫卵及幼虫。

　　（2）药剂防治。在苹果谢花后7～10天喷药防治第一代初孵幼虫，可使用25%灭幼脲3号悬浮剂1 500～2 000倍液，或20%杀铃脲悬浮剂8 000倍液，或1.8%阿维菌素乳油3 000倍液。落花后40天左右是防治第二代幼虫的关键期。以后每隔一个月防治各代幼虫，根据性诱剂确定具体用药。

　　（3）物理防治。利用性诱剂诱杀成虫（图3-143）。从4月上旬开始，每亩悬挂3~5个性诱捕器，可大量诱杀雄虫，干扰正常交尾，减少其产卵繁殖。

（4）生物防治。保护利用天敌。金纹细蛾跳小蜂是金纹细蛾重要的寄生性天敌之一，应加强自然天敌的保护利用。

图3-143 性诱剂诱杀金纹细蛾成虫

! 温馨提示

防治金纹细蛾要根据虫情预报进行，通常当性诱剂某一天诱到成虫数量较前一天增加3~5倍时，立即喷药。

（九）苹小卷叶蛾

苹小卷叶蛾又名棉褐带卷蛾、苹小黄卷蛾，俗称"舐皮虫"，属鳞翅目，卷叶蛾科。在我国大部分果区均有分布。寄主范围很广，以苹果和桃受害最重，严重影响果品质量。

1.为害特征。主要以幼虫为害叶片、果实，通过吐丝结网将叶片连在一起，造成卷叶，降低叶片光合作用。第一、二代幼虫除卷叶为害外，还常在叶与果、果与果相贴处啃食果皮，呈小坑洼状（图3-144、图3-145）。

图3-144 苹小卷叶蛾为害果实状

（引自窦连登等主编《苹果病虫防治第一书》，中国农业出版社，2013）

图3-145 苹小卷叶蛾幼虫和蛹

（引自窦连登等主编《苹果病虫防治第一书》，中国农业出版社，2013）

2.防治措施。

（1）农业防治。①春季苹果树发芽前，彻底刮除主干、侧枝上的粗翘皮并带出园外烧毁，减少虫源。生长期摘除虫苞，将幼虫和蛹捏死。②果实套袋（图3-146）。

图3-146　果实套袋

（2）药剂防治。在各代卵孵化盛期至幼虫卷叶前，可使用3%甲氨基阿维菌素苯甲酸盐悬浮剂3 000～4 000倍液，或24%甲氧虫酰肼悬浮剂3 000～4 000倍液喷雾。

（3）物理防治。①在果园内利用苹小卷叶蛾诱芯或糖醋液诱杀成虫。糖醋液的比例为糖∶酒∶醋∶水=1∶1∶4∶16，每亩放置3～5个（图3-147）。②可安装频振式杀虫灯诱杀成虫（图3-148）。

图3-147　糖醋液诱杀

图3-148　频振杀虫灯诱杀

（4）生物防治。①释放赤眼蜂。在第一代成虫发生期，利用松毛虫赤眼蜂防治。成虫卵始期（即性诱剂诱到成虫后3～5天），开始第一次放蜂，每隔5天放一次，连放3～4次，每亩放蜂量为3万头左右，遇阴雨天气应当多放（图3-149）。②在越冬幼虫出蛰期以及各代初孵幼虫卷叶前，喷洒苏云金杆菌乳

图3-149　悬挂赤眼蜂放蜂盒

剂1 000倍液进行防治。

（十）桃小食心虫

桃小食心虫属鳞翅目，蛀果蛾科，简称桃小，又名桃蛀果蛾、桃蛀虫。

1.为害特征。桃小食心虫只危害果实。被害果果面有针头大小的蛀果孔，由蛀孔流出泪珠状果胶汁液（图3-150），干涸后呈白色蜡状物。幼虫取食果肉形成弯曲纵横的蛀道，虫粪留在果心内呈"豆沙馅"状（图3-151）。幼果被害后，生长发育不良，形成凹凸不平的"猴头果"；后期受害的果实，果形变化不大。被害果大多有圆形幼虫脱果孔，孔口常有少量虫粪，由丝粘连。由于该虫发生面广，危害品种多，果树受害程度重。因此，桃小食心虫是果树的重要害虫之一。

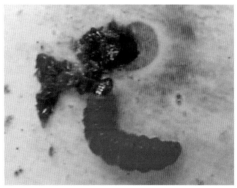

图3-150　桃小食心虫蛀果"滴泪"　　　　图3-151　桃小食心虫老熟幼虫和蛀果孔
（引自窦连登等主编《苹果病虫防治第一
　书》，中国农业出版社，2013）

2.防治措施。

（1）农业防治。①清洁田园。经常捡拾落地虫果和摘除虫果，并将其浸入水中淹死幼虫，可减少虫源。②果实套袋。在产卵前套完，可减少多种害虫为害果实。

（2）药剂防治。①地面防治。苹果落花后的半月左右，在果园设置桃小食心虫性诱剂诱捕器，自诱到成虫之日起，于5月中下旬降雨或果园浇水后，用50%辛硫磷乳油200倍液，或25%辛硫磷微胶囊剂300倍液，或40%毒死蜱乳油400倍液，喷洒树盘后浅锄。②树上喷药。喷药时期应在成虫产卵期和幼虫孵化期。当果园卵果率达到0.5%～1%时喷药。药剂可选用2.5%联苯菊酯乳油800～1 000倍，或12%高氯·毒死蜱乳油2 500～4 000倍，或2.5%高效氟氯氰菊酯乳油3 000倍液。

（3）物理防治。诱杀成虫。在苹果落花后15天开始，每亩放置桃小食心虫诱捕器3～5个，或每30～45亩安装一台专用频振式杀虫灯。

（十一）叶螨类

1. 为害特征。为害苹果的叶螨类主要包括山楂叶螨、苹果全爪螨（苹果红蜘蛛）及二斑叶螨（白蜘蛛）。3种叶螨为害范围均非常广泛，几乎所有落叶果树均可受害。

山楂叶螨以成螨、幼螨、若螨刺吸寄主叶片汁液。叶片受害初期，表面出现失绿斑点，后扩大连成片，严重时在叶片背面甚至正面吐丝结网，致叶片苍白焦枯似火烧状（图3-152），提早脱落，削弱树势，常造成二次发芽开花，不仅影响当年果实产量和品质，还影响来年花芽形成和产量。

苹果全爪螨以成螨、若螨刺吸叶片汁液，早期被害处出现许多黄白小斑点，后渐变为灰绿色，受害严重时叶片灰白、变硬、变脆，但无吐丝拉网现象，一般不落叶。春季为害嫩芽，严重影响展叶和开花（图3-153）。

图3-152　山楂叶螨为害苹果叶片呈焦枯状

图3-153　苹果全爪螨为害叶片状

（引自窦连登等主编《苹果病虫防治第一书》，中国农业出版社，2013）

二斑叶螨以成螨、若螨、幼螨刺吸果树芽、叶、果的汁液，主要在叶片的背面取食和繁殖，叶片受害初期叶脉两侧失绿，逐渐扩大连片，以后全叶焦枯。虫口密度大时在叶面上结薄层白色丝网，或在新梢顶端群集成虫球（图3-154）。

图3-154 二斑叶螨为害状

2.防治措施。

（1）农业防治。①加强栽培管理，增施优质有机肥，不偏施氮肥，及时浇水，提高果树本身的耐害能力和补偿能力。②结合果园各项农事操作，消灭越冬叶螨。如结合刮病斑，刮除老翘皮下的冬型雌性成螨；刷除、擦除树上越冬成螨和冬卵等。

（2）药剂防治。①果树休眠期：在苹果萌芽前，应用3～5波美度石硫合剂，或20号柴油乳剂30倍液均匀喷洒枝干。②果树生长期：在苹果开花前一周（即苹果树花蕾膨大、花序分离期）、谢花后7～10天和苹果落花后25天左右（北方地区一般在5月下旬至6月上旬）喷药，只要药剂品种选择适宜，喷药均匀周到，使叶正、反两面着药均匀，可有效控制红蜘蛛危害。可选下列药剂：5%噻螨酮乳油1 500倍液，或1.8%阿维菌素乳油4 000倍液，或20%四螨嗪悬浮剂2 000倍液，或15%哒螨灵乳油1 500～2 000倍液；防治二斑叶螨选用25%三唑锡粉剂1 500倍液，或5%唑螨酯乳油1 500～2 000倍液喷雾效果较好。

（3）生物防治。①果园植草（图3-155），为天敌提供适宜的栖息场所，增加天敌种群数量。常见的天敌有食螨瓢虫、捕食螨类和花蝽等，应该注意保护利用。当益害比小于1∶50时则需要及时喷药防治。②人工释放胡瓜钝绥螨，控制山楂叶螨（图3-156）。

图3-155 果园种草

图3-156 释放捕食螨

（十二）康氏粉蚧

康氏粉蚧又名梨粉蚧、桑粉蚧，属同翅目，粉蚧科。国内分布于吉林、辽宁、河北、河南、山东、山西、四川等省。成虫和若虫吸食寄主的幼芽、嫩枝、叶片、果实和根部的汁液。

1.为害特征。嫩枝被害后，常肿胀，树皮纵裂而枯死；前期果实受害后呈畸形，后期主要为害萼洼部位，被害处常发生许多褐色圆形斑点，果

图3-157　苹果受康氏粉蚧为害状
（任强提供）

肉逐渐木栓化，不腐烂，并被有白色蜡粉。危害严重时，8月上中旬从果袋外观察，果袋呈油渍状湿润，摘除果袋观察，成虫呈紫褐色，着白色蜡粉，多分布于果实萼洼、梗洼处。果面被黏状分泌物（图3-157）。康氏粉蚧具有喜阴怕阳的特点，套袋果纸袋内是其繁殖为害的最佳场所。因此，康氏粉蚧在套袋果园及枝量大、树冠郁闭的果园容易发生。

2.防治措施。

（1）农业防治。冬春季结合清园，细致刮除粗老翘皮，用硬毛刷刷除越冬虫卵。取下秋季树干上绑的草把。清理旧纸袋、残叶、残桩、干伤锯口等集中烧毁，减少虫、卵基数。

（2）药剂防治。树冠喷药防治。早春喷5波美度石硫合剂或5%柴油乳剂，杀灭虫卵。第一代若虫发生期即果实套袋前是药剂防治的关键期，全树均匀喷一遍2 000～2 500倍液的氯氰·毒死蜱或10%吡虫啉3 000倍液，第二、三代若虫发生期可喷50%敌敌畏乳油1 000～1 200倍液或40.7%毒死蜱乳油1 500倍液。

2 主要农作物田间杂草识别与防治

农田杂草一般是指农田中非栽培的植物。广义地说，长错了地方的植物都可称之为杂草。从生态经济角度出发，在一定的条件下，凡害大于益

的农田植物都可称为杂草，都应属于防除之列。

■ 农田主要杂草的分类与识别

我国农田杂草约有580种，其中恶性杂草15种，主要杂草31种，区域性杂草23种。根据形态特征将杂草分为禾草类杂草、阔叶类杂草、莎草科杂草三类。

（一）禾草类杂草

禾草类杂草主要包括禾本科杂草。其特征为：茎圆或略扁，节和节间区别明显，节间中空，叶鞘开张，常有叶舌。胚具1子叶，叶片狭窄而长，平行脉，叶无柄。如稗草（图3-158）、马唐（图3-159）、牛筋草（图3-160）、千金子（图3-161）、狗尾草（图3-162）、野燕麦（图3-163）、看麦娘（图3-164）、画眉草（图3-165）等。

图3-158　稗草

图3-159　马唐

（引自浑之英等主编《农田杂草识别原色图谱》，中国农业出版社，2012）

图3-160　牛筋草

（引自浑之英等主编《农田杂草识别原色图谱》，中国农业出版社，2012）

图3-161　千金子

（引自浑之英等主编《农田杂草识别原色图谱》，中国农业出版社，2012）

图3-162 狗尾草

图3-163 野燕麦

（引自浑之英等主编《农田杂草识别原色图
谱》，中国农业出版社，2012）

图3-164 看麦娘

图3-165 画眉草

（二）阔叶类杂草

阔叶类杂草包括所有的双子叶植物杂草及部分单子叶植物杂草。茎
圆形或四棱形。叶片宽阔，叶有柄，网状叶脉，胚具2子叶。如藜（图
3-166）、反枝苋（图3-167）、田旋花（图3-168）、苣荬菜（图3-169）、

图3-166 藜

图3-167 反枝苋

（引自浑之英等主编《农田杂草识别原色图
谱》，中国农业出版社，2012）

苍耳（图3-170）、鸭跖草（图3-171）、猪殃殃（图3-172）、荠菜（图 3-173）、马齿苋（图3-174）、铁苋菜（图3-175）等。

图3-168　田旋花

图3-169　苣荬菜

图3-170　苍耳

图3-171　鸭跖草

图3-172　猪殃殃

（引自浑之英等主编《农田杂草识别原色图
谱》，中国农业出版社，2012）

图3-173　荠菜

（引自浑之英等主编《农田杂草识别原色图
谱》，中国农业出版社，2012）

图3-174 马齿苋

图3-175 铁苋菜

（三）莎草类杂草

莎草类杂草主要包括莎草科杂草。其特征为：茎三棱形或扁三棱形，无节和节间的区别，茎常实心。叶鞘不开张，无叶舌。胚具1子叶，叶片狭窄而长，平行脉，叶无柄。如香附子（图3-176）、异形莎草（图3-177）、陌上菜、节节菜等。

图3-176 香附子

（引自浑之英等主编《农田杂草识别原色图谱》，中国农业出版社，2012）

图3-177 异形莎草

由于许多除草剂就是根据杂草的形态特征而获得选择性的，因而应用形态学分类可以较好地指导杂草的化学防治。

此外，按杂草的生活史，可将杂草分为一年生杂草，如马齿苋、铁苋菜等；二年生杂草，如野燕麦、看麦娘等；多年生杂草，如水莎草、小蓟（刺儿菜）等。

■ 农作物田间杂草防治

（一）麦田杂草防治

小麦田杂草有30多种。禾本科杂草主要有雀麦、野燕麦、节节麦、看麦娘等，阔叶类杂草主要有播娘蒿、荠菜、猪殃殃、藜、阿拉伯婆婆纳等。

1.禾本科杂草防治。以看麦娘、日本看麦娘等禾本科杂草为主的小麦田，每亩用69克/升精噁唑禾草灵水乳剂（骠马）80～100毫升，或15%炔草酯可湿性粉剂（麦极）20～40克，或50克/升唑啉·炔草酯乳油（大能）60～100毫升，或50%异丙隆可湿性粉剂150克，对水均匀喷雾。

2.阔叶杂草防治。以猪殃殃、荠菜等阔叶杂草为主的麦田，在冬前或早春每亩用200克/升氯氟吡氧乙酸乳油（使它隆）20～25毫升，或200克/升氯氟吡氧乙酸乳油（使它隆）20～25毫升＋20%二甲四氯水剂150毫升，或25%灭草松水剂100～150毫升＋20%二甲四氯水剂150毫升＋水喷雾防除。也可以选用36%唑草·苯磺隆可湿性粉剂（奔腾），冬前杂草齐苗后每亩用5～7.5克，早春每亩用7.5～10克，对水均匀喷雾。此外，5.8%双氟·唑嘧胺悬浮剂（麦喜）对猪殃殃、麦家公、大巢菜、泽漆等大多数阔叶杂草茎叶处理效果好。

（二）玉米田杂草防治

玉米田杂草主要以禾本科杂草与阔叶杂草混生为主，其常见杂草有30多种，如马唐、狗尾草、牛筋草、稗、画眉草、藜、马齿苋、铁苋菜、小蓟、鸭跖草等。

1.免耕玉米播前防除已出土杂草。每亩用20%百草枯水剂（克无踪）150～200毫升，或41%草甘膦水剂150～250毫升对水均匀喷洒杂草茎叶。

2.播后苗前土壤处理。每亩用33%二甲戊灵乳油133～200毫升，或38%莠去津水悬浮剂200～250毫升对水均匀喷雾。

3.苗后茎叶处理。玉米苗后3～5叶期，杂草2～4叶期施药。每亩用100克/升硝磺草酮悬浮剂70～100毫升，或30%苯唑草酮悬浮剂（苞卫）5毫升+90%莠去津水分散粒剂70克＋专用助剂，对水均匀喷雾。

！温馨提示

玉米田杂草防治注意事项

（1）莠去津残效期长，对一些后茬作物常会发生药害，除东北地区可以单用外，其他地区一般混配使用。

（2）100克/升硝磺草酮悬浮剂对玉米田一年生阔叶杂草和部分禾本科杂草如苘麻、苋菜、藜、蓼、稗草、马唐等有较好的防治效果，而对铁苋菜和一些禾本科杂草防治效果较差，对4～6叶期后的大龄杂草效果差，会出现返青现象。对香附子效果差，前期白化，后期仍返青继续生长。

（3）30%苯唑草酮悬浮剂尽量二次稀释后使用，避免与有机磷类农药混用，间隔7天以上用药。对香附子效果差，只有抑制作用。

（三）水稻田杂草防治

全国稻田杂草有200多种，其中发生普遍、危害严重、最常见的杂草有40余种，如稗草、千金子、异型莎草、水莎草、陌上菜、节节菜、矮慈姑、鸭舌草、鲤肠等。

1.水稻秧田杂草防除。在以稗草、千金子等杂草为主的稻田，在秧板平整后，于催至一籽半芽的稻种播种后1～2天，每亩用30%丙草胺乳油100毫升，对水均匀喷雾；在稗草、千金子与莎草及其他阔叶杂草混合发生的田块，在秧板平整后用40%苄嘧·丙草胺可湿性粉剂60～80克对水均匀喷雾。

2.水直播耕翻稻田杂草防除。采用二次化除法。

（1）第一次化除。在催芽稻播种后2～3天，每亩用40%苄嘧·丙草胺可湿性粉剂60克，对水均匀喷雾。施药时要求秧板较平整，保持湿润。

（2）第二次化除。在第一次用药后15～18天，每亩选用53%苯噻·苄可湿性粉剂60克制成10千克药肥或药土撒施，药后保水3～5天，防止暴雨后产生药害。

对部分重草田可视草情进行补除。补除方法为：①对稗草发生较多的田块，在稗草2～3.5叶期，每亩用10%氰氟草酯水乳剂50～60毫升或2.5%五氟磺草胺油悬浮剂60毫升。要求排水用药，隔天上水。②对千金子和稗草发生较多的田块，在杂草2～3叶期，每亩用10%氰氟草酯水乳剂60～80克，对水均匀喷雾，药后1～2天复水。③对莎草和阔叶杂草较多的田块，可用10%吡嘧磺隆可湿性粉剂15～25克，结合分蘖肥均匀撒施，并保持浅水层5～7天。④对水花生和阔叶杂草较多的田块可用20%氯氟吡氧乙酸乳油（使它隆）50毫升，对水均匀喷雾，排水喷药，隔天上水。⑤在搁田后莎草类杂草和阔叶杂草仍较多的田块，每亩可用48%灭草松水剂100毫升和13%二甲四氯水剂100毫升，对水均匀喷雾。施药时田间要排干水，施药后隔天上水。

3.免耕直播稻田杂草防除。在播种前3～5天，用10%草甘膦水剂500～750毫升，或41%草甘膦水剂150～200毫升，或20%百草枯水剂150毫升等灭生性除草剂对水均匀喷雾防除前茬杂草，后期的除草，可参照水直播耕翻稻田杂草防除技术。

4.机插稻田杂草防除。采用二次化除法。

（1）第一次化除。耕地排田后或机插后第二天立即用药一次，即每亩用35%苄嘧·丙草胺可湿性粉剂100克，或40%苄嘧·丙草胺可湿性粉剂90克，对水均匀喷雾。

（2）第二次化除。在机插后15天必须用好第二次药。可用53%苯噻·苄可湿性粉剂60克制成10千克药肥或药土撒施，药后保水3～5天（注意水不可淹没心叶）。

（四）棉田杂草防治

棉田禾本科杂草主要有：牛筋草、马唐、狗尾草、稗草、看麦娘、千金子等。阔叶杂草主要有：马齿苋、反枝苋、藜、铁苋菜、蒲公英、小蓟（刺儿菜）、田旋花等。莎草科杂草主要有香附子等。

1.播种期化学除草。露地直播棉田，防除一年生单子叶杂草和小粒种子阔叶杂草，播后苗前每亩可用50%乙草胺乳油120～150毫升，注意不要超过200毫升，避免药害；或72%异丙甲草胺乳油100～120毫升，或48%氟乐灵乳油100～150毫升，或33%二甲戊灵乳油130～150毫升，或

48%仲丁灵乳油150～200毫升，对水均匀喷雾处理土壤，喷施氟乐灵后要浅混土。防除阔叶类杂草为主的地块，在播后苗前每亩用25%噁草酮乳油100～125毫升，对水均匀喷雾处理土壤。地膜棉田用量可比露地直播棉酌减。土壤湿润是保证药效发挥的关键。

2.苗期茎叶喷雾处理。杂草3～5叶期，每亩用10.8%高效氟吡甲禾灵乳油25～30毫升，或15%精吡氟禾草灵乳油35～50毫升，对水均匀喷雾处理。

（五）花生田杂草防治

花生田杂草有60多种，分属约24科。其中发生量较大、危害较重的杂草主要有马唐、狗尾草、稗草、牛筋草、狗牙根、画眉草、白茅、龙爪茅、虎尾草、青葙、反枝苋、凹头苋、灰绿藜、马齿苋、蒺藜、苍耳、小蓟（刺儿菜）、香附子、碎米莎草、龙葵、问荆和苘麻等。

1.播后苗前土壤处理。覆膜栽培的花生田全是采用土壤处理剂。当花生播后，接着喷除草剂，然后立即覆膜。没有覆膜栽培的花生田，花生播种后，尚未出土，杂草萌动前处理即可。每亩用96%精异丙甲草胺乳油50～60毫升对水均匀喷雾，可防除花生、芝麻、棉花、大豆等作物的多种一年生杂草，如狗尾草、马唐、稗草、牛筋草等。

2.苗后茎叶喷雾处理。施药时期：禾本科杂草在2～4叶期，阔叶杂草在株高5～10厘米为宜。以禾本科杂草为主的花生田，每亩用108克/升高效氟吡甲禾灵乳油25～35毫升对水均匀喷雾处理杂草茎叶；以阔叶杂草为主的花生田，每亩用15%精吡氟禾草灵乳油50～67毫升，或75%氟磺胺草醚水分散粒剂20～26克对水均匀喷雾处理杂草茎叶；禾本科杂草与阔叶杂草混发的花生田，可以选择上述两类除草剂混用。

参考文献

李洪奎，等.1998.出口蔬菜病虫图谱.北京：中国农业科技出版社.
李明立，华尧楠.2002.山东农业有害生物.北京：中国农业出版社.
农业部人事劳动司，农业职业技能培训教材编审委员会.2004.农作物植保员.

北京：中国农业出版社.

农业部种植业管理司，全国农业技术推广服务中心.2013.农作物病虫害专业化统防统治培训指南.北京：中国农业出版社.

全国农业技术推广服务中心.2005.中国植保手册.北京：中国农业科技出版社.

孙源正，任宝珍.2000.山东农业害虫天敌.北京：中国农业出版社.

杨奉才.1998.蔬菜病虫草害及其综合防治.北京：中国农业科技出版社.

单元自测

1. 当地小麦、玉米田病虫害种类及其发生危害的特点是什么？
2. 小麦田蚜虫天敌有哪几种？
3. 什么是小麦"一喷三防"技术？
4. 如何预防玉米粗缩病？
5. 稻瘟病的主要症状有哪些？
6. 如何区分棉花枯萎病和黄萎病？
7. 花生叶斑病防治措施有哪些？
8. 黄瓜白粉病的防治措施有哪些？
9. 苹果腐烂病的防治措施有哪些？
10. 如何区分阔叶杂草和禾本科杂草？

技能训练指导

一、农作物病害症状观察

（一）材料用具

不同病害症状类型的新鲜、干制或浸渍标本，如小麦白粉病、锈病、纹枯病、赤霉病，玉米大小斑病、褐斑病、粗缩病，棉花立枯病、枯黄萎病，番茄黄花曲叶病毒病，苹果树腐烂病、轮纹病等。

光学显微镜、放大镜、镊子、挑针、塑料袋、枝剪、记载本、标签、铅笔、病害彩图等。

（二）场地

小麦、玉米、棉花等农作物病害危害严重的农作物田块、教室一间。

（三）训练目的

认识植物病害的主要病状和病症，掌握各种病害症状的典型特征，为病害诊断奠定基础。

（四）实训内容

正确区分病状和病症，具体观察发病部位及其症状特点。

二、当地某种农作物病虫害田间调查

（一）材料用具

皮尺、记载本、铅笔、计算器、放大镜及标本采集用具等。

（二）训练目的

了解作物病虫害田间调查统计的重要性，掌握病虫害田间调查方法。

（三）实训内容

（1）调查当地的某种农作物病虫害种类、发生时期、发生量及为害程度等，病虫害的调查以田间调查为主。

（2）调查田间天敌的种类和数量。

学习笔记

模块四

植保机械使用与维护

1 植保机械的种类及其在化学防治中的作用

▶ 植保机械的种类

植物保护机械简称植保机械，指在农林生产中用于病虫害防治和除草的各种机具。

植保机械（施药机械）的种类很多，由于农药的剂型和作物种类多种多样以及喷洒方式方法不同，决定了植保机具也是多种多样的。从手持式小型喷雾器到拖拉机机引或自走式大型喷雾机，从地面喷洒机具到装在飞机上的航空喷洒装置，形式多种多样。按照不同的分类方式，其类型主要有以下几种：

（1）按施用的农药剂型和用途分类，有喷雾机、喷粉机、烟雾机、撒粒机、拌种机和土壤消毒机等。

（2）按配套动力分类，有手动施药机具，小型动力喷雾喷粉机，大型悬挂、牵引或自走式施药机具和无人机航空喷洒设备，有人驾驶航空喷洒设备等。

（3）按操作、携带和运载方式等分类，手动喷雾器还可分为手持式、手摇式、背负式、踏板式等；小型动力喷雾机可分为担架式、背负式、手提式、手推车式等；大型动力喷雾机可分为牵引式、悬挂式、自走式和车载式等。

（4）按施液量多少分类，可分为大容量喷雾机具、常量喷雾机具、低量喷雾机具、微量（超低量）喷雾机具等。低容量及超低量喷雾机喷雾量少、雾滴细、药液分布均匀、工效高，是目前施药技术的发展趋势。

（5）按雾化方式分类，可分为液力式喷雾机、气力式喷雾机、离心式喷雾机和热力喷雾机等。

（6）欧美发达国家，地面喷雾器械按应用对象不同，可分为大田作物喷雾机、果园喷雾机、草坪喷雾机及铁道喷雾机等。随着科技的发展，还出现了可控雾滴喷雾机、循环喷雾机、对靶喷雾机、实时传感或与GPS结合的智能喷雾机和喷雾机器人等。

■ 植保机械在化学防治中的作用

化学防治是利用化学药剂的毒性来防治病虫害，是植物保护最常用的方法，也是综合防治中的一项重要措施，甚至在面临病虫害大发生的紧急时刻，是唯一有效的措施。而化学药剂最终的防治效果要通过植保机械来实现，植保机械的性能及施药技术水平是安全施用农药的重要环节。

目前，我国农业有害生物防治还处在一家一户向多种防治组织形式过渡的时期，施药技术水平参差不齐。选择高效适宜的植保机械，提高药械的技术含量，从技术装备上提高施药水平，可大大避免人为操作因素对施药质量的影响。针对专业化防治组织而言，应用先进高效的植保机械，全面提高其机械化水平，提高防治效率，实现防治规模化，是专业化防治组织提高防治效益、增强生命力和发展后劲的物质基础。

随着现代农业的高速发展，高效新型农药的应用以及人们对生存环境要求的提高，对植保机械和施药技术提出新的挑战。目前，农药对环境和非靶标生物的影响逐渐被社会所关注，如何提高农药的使用效率和有效利用率，如何避免或减轻农药对非靶标生物的影响和对环境的污染，成为植保机械及其施药技术研究面临的两大课题。近年来，我国耕作制度不断变革，高新栽培技术全面普及，农作物品种和农药品种更新换代，再加上气候条件变幻莫测，农业有害生物灾变规律不断发生新的变化，如何及时、安全、有效地扑灭突发、暴发的有害生物，这不仅对植保机械的综合性能提出了更高的要求，也充分反映了植保机械的使用和发展在农业生产和农业科技的发展中占有极其重要的地位。

由此看来，现代农业生产的发展表现出对植保机械很强的依赖性，植保机械已成为农业发展不可缺少的组成部分，是推动我国农业现代化的重要因素。

2 常用植保机械使用与维护技术

手动喷雾器

手动喷雾器是用手动方式产生压力来喷洒药液的施药机具，具有结构简单、使用方便、适应性广等特点。适用于水田、旱地及丘陵山区小地块种植小麦、玉米、棉花、蔬菜和果树等作物的病虫草害防治。通过改变喷片孔径大小，手动喷雾器既可作常量喷雾，也可作低容量喷雾。目前，我国手动喷雾器主要有背负式喷雾器、压缩喷雾器、单管喷雾器、吹雾器和踏板式喷雾器等。背负式喷雾器是由操作者背负，用摇杆操作液泵的液力喷雾器，是我国目前使用最广泛、生产量最大的一种手动喷雾器。传统机型为工农-16型（图4-1），20世纪60年代开始生产使用，技术落后，制造工艺粗糙，跑冒滴漏严重。而卫士牌WS-16型手动喷雾器（图4-2）是山东卫士植保机械有限公司生产的一种新型喷雾器，与工农-16、长江-10型等喷雾器相比具有较突出的安全、防渗漏及应用范围广等特点。

图4-1　工农-16型手动喷雾器

图4-2　卫士牌WS-16型手动喷雾器

（一）性能规格

卫士牌WS-16型和工农-16型喷雾器的性能及有关指标见表4-1。

表4-1　卫士牌WS-16型和工农-16型喷雾器的性能及技术指标

性能及技术指标	卫士WS-16型喷雾器	工农-16型喷雾器
工作压力（兆帕）	0.20 ~ 0.6	0.3 ~ 0.4
最高压力（兆帕）	0.8	0.4
工作行程（毫米）	40 ~ 70	80 ~ 120
整机质量（千克）	4.8	3.5
外形尺寸（长×宽×高）（毫米）	420 × 195 × 578	385 × 180 × 415
药液箱额定容量（升）	16	14.7
残留液量（毫升）	50	120
喷头	扇形雾、空心圆锥雾及可调喷头	切向进液喷头
开关	揿压式，可点喷、连续喷	直通式，连续喷
空气室	在药液箱内与泵合二为一	在药液箱外，独立一体
泵流量（升/分钟）	2.5 ~ 3.7	0.8 ~ 1.4

（二）使用与维护

1.装配药械。新药械使用前应仔细检查各部件安装是否正确和牢固。工农-16型等喷雾器上的新牛皮碗在安装前应浸入机油或动物油（忌用植物油），浸泡24小时。向泵筒中安装塞杆组件时，应注意将牛皮碗的一边斜放在泵筒内，然后使之旋转，将塞杆竖直，用另一只手帮助将皮碗边沿压入泵筒内就可顺利装入，切忌硬行塞入。

2.喷杆、喷头选择及安装。卫士WS-16型喷雾器常用喷头有空心圆锥雾喷头（图4-3）和扇形雾喷头（图4-4）等。喷施杀虫剂、杀菌剂用空心圆锥雾喷头；喷施除草剂、植物生长调节剂用扇形雾喷头。单喷头适用于作物生长前期或中、后期进行各种定向针对性喷雾、飘移性喷雾。双喷头适用于作物中、后期株顶定向喷雾。小横杆式三喷头（图4-5）、四喷头（图4-6）适用于蔬菜株顶定向喷雾。空心圆锥

图4-3　空心圆锥雾喷头

图4-4　扇形雾喷头

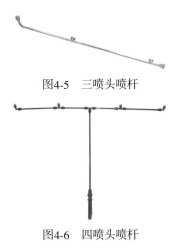

图4-5　三喷头喷杆

图4-6　四喷头喷杆

雾喷头有多种孔径的喷头片，大孔的流量大、雾滴较粗、喷雾角较大，小孔的相反，流量小、雾滴较细、喷雾角较小，可以根据喷雾作业的要求和作物的大小适当选用。

3.确定施药液量。根据所喷洒的农药种类、作物生长状态和病虫害种类等，确定采用常量喷雾还是低量喷雾以及单位农田面积上的施药液量，并选择适宜的喷孔片或喷头，确定相应的工作压力。如谷类作物的施药液量一般为6.67～26.67升/亩。

空心圆锥雾喷头喷孔片孔径（ϕ）大小有：0.7、1.0、1.3、1.6毫米，在0.3～0.4兆帕压力下的参考喷量分别为：384毫升/分钟、586毫升/分钟、783毫升/分钟和950毫升/分钟，应根据防治要求选择。孔径（ϕ）1.3～1.6毫米喷片适合常量喷雾，亩施药液量在40升以上；孔径（ϕ）0.7毫米喷片适宜低容量喷雾，亩施药量可降至10升左右。

4.校准施药液量。校准施药液量有多种方法，受过良好训练、经验丰富的操作者，可通过测定喷幅、喷头喷量、行走速度，计算校核施药液量。单位面积的施药液量：

$$Q（升/公顷）=q \times 600/BV$$

式中，q（升/分钟）为喷头喷量。按喷药时的方法操作，用量杯接取一定时间内喷出的清水，计算每分钟喷出多少升药液。有条件的最好安装稳压阀，维持压力稳定，喷量一致。

B（米）为喷幅。喷头的有效喷幅随操作方式、喷头型号和喷头离喷洒靶标高度的变化而不同，且受风力的影响。测定时，将喷雾器装上清水，确定一个适宜的喷洒高度，在干燥的土壤地面或水泥平地上行走，测定地面上的喷雾印迹宽度作为喷幅。如果喷洒对象为中耕作物，则根据作物行间特性来确定喷幅。

V（千米/小时）为行走速度。在作业区实地测量，药箱中的水量不少于半箱，测量喷洒行走不小于50米的距离所需的时间，重复几次，计算出平均行走速度。行走速度取值范围一般为1～1.3米/秒，水田不超过0.7

米/秒，如测得的行走速度过大或过小，可适当地改变喷头喷量来调整。

施药液量的调整

如测得喷幅 B 为1米，喷头喷量 q 为1.2升/分钟，行走速度 V 为3.3千米/小时（0.9米/秒），则计算出 Q 为218升/公顷。将计算结果与农药产品推荐的施药液量比较，如果误差率超过10%，则适当调整行走速度和喷洒压力，重新测定和计算，直至误差率<10%。如果两者相差很大，则更换喷头，重新调整。

普通施药者可依据要求的施药液量来校核，比上述方法简单，但粗略。

（1）在实地标出并测定一定喷洒面积。如喷幅为1米，标定测试距离为50米，则测定面积为50米^2。

（2）测定上述面积内的施药量，测定方法有两个。其一为标记法：将喷雾器置于平地上，加入清水到一定高度，并做好标记，以一定速度喷洒上述测定距离，再测定出加入药箱水位到达标记处所需水量。其二为容器法：将一量瓶或容器固定在喷头上，收集喷洒同样标定距离内的喷洒水量。

（3）将上述方法测得的喷洒水量与要求的喷洒量进行比较，如：要求的施药液量为200升/公顷，以1米喷幅喷洒50米，则其喷洒量应为1升。有三种可能：测定量少于1升时，说明操作者应降低行走速度，或更换大型号喷头；测定量大于1升时，操作者应适当增加行走速度，或更换小型号喷头；测定量刚好为1升，泵的排量和行走速度合适。

5.配制药液。向药液桶内加注药液前，一定要将截流阀关闭，以免药液漏出，加注药液要用滤网过滤。药液不要超过桶壁上所示水位线位置。如果加注过多，工作中泵筒盖处将出现溢漏现象。加注药液后，必须拧紧桶盖，以免作业时药液漏出。

6.施药操作。操作工农-16、长江-10型喷雾器时不可过分弯腰，以防药液从桶盖处溢出溅到身上。背负作业时，老式喷雾器应每分钟揿动摇杆18～25次，新型大容量活塞泵喷雾器每分钟揿动摇杆6～8次即可。空气室中的药液超过安全水位线时，扳动摇杆感到沉重时，应停止打气，以免气室爆炸。针对不同的作物、病虫草害和农药选用正确的施药方法。

（1）喷洒土壤处理除草剂，要求易于飘失的小雾滴少，以避免除草剂雾滴飘移引起的作物药害；药剂在田间沉积分布均匀，以保证防治效果，避免局部地区药量过大造成的除草剂药害。因此，应采用扇形雾喷头，也可用安装二喷头、三喷头的小喷杆喷雾，要注意控制喷杆的高度，使各个喷头的雾流相互重叠，整个喷幅内雾量均匀分布。行间喷洒除草剂时，一定要配置喷头防护罩，防止雾滴飘移造成的邻近作物药害；喷洒时喷头高度、行走速度和路线应保持一致，力求药剂沉积分布均匀，不得重喷和漏喷。

（2）当用手动喷雾器喷雾防治作物病虫害时，最好选用小喷片，这是因为小喷片喷头产生的农药雾滴较粗大喷片的雾滴细，防治效果好。但切不可用钉子人为把喷头冲大。喷洒触杀性杀虫剂防治栖息在作物叶背的害虫（如棉花苗蚜），应把喷头朝上，采用叶背定向喷雾法喷雾。喷洒保护性杀菌剂，应在植物未被病原菌侵染前或侵染初期施药，要求雾滴在植物靶标上沉积分布均匀，并有一定的雾滴覆盖密度。

（3）几架药械同时喷洒时，应采用梯形前进，下风侧的人先喷，以免人体接触药液。

7.机具维护。使用结束，应加少许清水喷射，并清洗喷雾器各部分，然后放在室内通风干燥处。喷洒除草剂后，必须将喷雾器，包括药液箱、胶管、喷杆、喷头等彻底清洗干净，以免在下次喷洒其他农药时对作物产生药害。

■ 背负式机动喷雾喷粉机

背负式机动喷雾喷粉机是由汽油机带动离心式风机产生高压、高速气流，把药液（粉）吹散喷向目标，其雾滴直径在50～150微米，可作低容量喷雾、超低容量喷雾，有的还能喷粉，一机多用。其喷幅宽、功效高。适用于大面积连片的单一作物田块、茶园和栽植不太高的果园、树木苗圃等的喷雾作业，而在作物种类复杂、种植和管理分散的小块农田中，尤其是靠近水域的小块农田上，不宜采用这类机具施药，否则，易产生农药雾滴飘移，导致药害和污染。主要机型有：3WF-18、3WFB-3、东方红-18等10多种（图4-7）。

图4-7　3WF-18型背负式机动喷雾喷粉机

（一）性能规格

外形尺寸一般为330毫米×451毫米×680毫米；药箱容量10～12升；整机净重10～14千克；配套动力1.18～2.1千瓦汽油机；风机转速5 000～6 000转/分钟；喷雾射程水平距离7～12米，垂直距离7～10米。

（二）使用与维护

1.启动。机器启动前药液开关应停在半闭位置，调整油门开关使汽油机高速稳定运转，开启手把开关后，人立即按预定速度和路线前进，严禁停留在一处喷洒，以防引起药害。

2.作业。

（1）行走路线的确定。行走路线根据风向而定，走向应与风向垂直或成不小于45°的夹角，操作者应在上风向，喷射部件应在下风向。喷药时行走要匀速，不能忽快忽慢，防止重喷漏喷。喷施时应采用侧向喷洒，即喷药人员背机前进时，手提喷管向侧面喷洒，一个喷幅接一个喷幅，向上风方向移动，使喷幅之间相连接区段的雾滴沉积有一定程度的重叠。操作时还应将喷口稍微向上仰起，并离开作物20～30厘米高，2米左右远（图4-8）。

第一喷幅喷完时，先关闭药液开关，减小油门，向上风向移动，行至第二喷幅时再加大油门，打开药液开关继续喷药。

（2）喷量调节。调整施液量除用行进速度来调节外，转动药液开关角度或选用不同的喷量档位也可调节喷量大小。

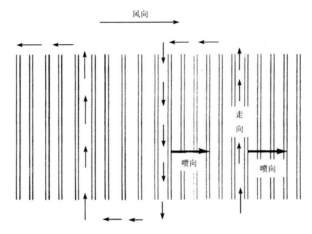

图4-8　背负式机动喷雾喷粉机田间喷雾作业示意

（3）喷幅调整。为保证药效，要调整好喷量、有效喷幅和步行速度三者之间的关系。其中有效喷幅与药效关系最密切，一般来说，有效喷幅小，喷出来的雾滴重叠累积比较多，分布比较均匀，药效更有保证。有效喷幅的大小要考虑风速的限制，还要考虑害虫的习性和作物结构状态。对钻蛀性害虫，要求雾滴分布愈均匀愈好，也就是要求有效喷幅窄一些好。例如防治棉铃虫，要使平展的棉叶上降落雾滴多而均匀，要求风小一些，有效喷幅窄一些，多采取8～10米喷幅。对活动性强的咀嚼式口器害虫如蝗虫等，就可在风速许可范围内尽可能加宽有效喷幅。例如，在沿海地区防治蝗虫时，在2米／秒以上风速情况下，喷头离地面1米，有效喷幅可取20米。

（4）喷雾作业。更换部件，使药械处于喷雾状态。宜采用针对性喷雾和飘移喷雾相结合的方式。

对大田作物喷药时，操作者手持喷管向下风侧喷雾，弯管向下，使喷管保持水平或有5°～15°仰角（仰角大小根据风速而定：风速大，仰角小些或呈水平；风速小，仰角大些），喷头离作物顶端高出0.5米。防治棉花伏蚜应根据棉花长势、结构，分别采取隔2行喷3行或隔3行喷4行的方式喷洒。一般在棉株高0.7米以下时采用隔3喷4，高于0.7米时采用隔2喷3，这样有效喷幅为2.1～2.8米。喷洒时把弯管向下，对着棉株中、上部喷，借助风机产生的风力把棉叶吹翻，以提高防治叶背面蚜虫的效果。每走一步就左右摆动喷管一次，使喷出的雾滴呈多次扇形累积沉积，提高雾滴覆盖均匀度。对灌木丛林喷药，例如对低矮的茶树喷药，可把喷管的弯管口朝下，防止雾滴向上飞散。对较高的果树和其他林木喷药可把弯管口朝上，使喷管与地面保持60° ~ 70° 的夹角，利用田间有上升气流时喷洒。高毒农药不能作超低量喷雾。

喷雾时雾滴直径为125微米，不易观察到雾滴，一般情况下，作物枝叶只要被喷管吹动，雾滴就可达到。

（5）喷粉作业。更换部件，使药械处于喷粉状态。关闭粉门和风门，添加粉剂。启动药械，调整油门使汽油机高速稳定运转。打开粉门操作手柄进行喷粉，调节粉门开度控制喷粉量。保护地温室喷粉时可采用退行对空喷撒法，当粉剂粒度很细时（≤5微米），可站在棚室门口向里、向上喷洒。使用长薄膜管喷粉时，薄膜管上的小孔应向下或稍向后倾斜，薄膜管离地1米左右。操作时需两人平行前进，保持速度一致，并保持薄膜管有一定的紧度。前进中应随时抖动薄膜管。作物苗期不宜采用喷粉法。

3.停机。先关闭药液开关，再关小油门，让机器低速运转3 ~ 5分钟再关闭油门。切忌突然停机。

4.维护。喷雾机每天使用结束后，应倒出箱内残余药液或粉剂。喷粉时，每天要清洗化油器和空气滤清器。长薄膜管内不得存粉，拆卸之前空机运转1 ~ 2分钟，将长薄膜管内的残粉吹净。清除机器各处的灰尘、油污、药迹，并用清水清洗药箱和其他药剂接触的塑料件、橡胶件。检查各螺丝、螺母有无松动，工具是否齐全。保养后的背负机应放在干燥通风的室内，切勿靠近火源，避免与农药等腐蚀性物质放在一起。长期保存时还要按汽油机使用说明书的要求保养汽油机，对可能锈蚀的零件要涂上防锈黄油。

■ 背负式电动喷雾器

背负式电动喷雾器运用蓄电池供电，驱动液泵工作，提供喷雾压力。体积小、操作方便、雾化压力稳定，同时具有省时、省力、药效高的特点。广泛适用于水稻、小麦、棉花、玉米、果树、温室大棚、葡萄、茶树及各种园艺作物等病虫害的防治。典型产品有今星系列ESR-505、ESR-

16A/18A，市下系列SX-15D/18D等（图4-9）。

（一）性能规格

图4-9　背负式电动喷雾器

以市下SX-15D为例，外形尺寸400毫米×195毫米×570毫米；整机净重7.4千克；药箱容量15升；工作压力0.16～0.32兆帕；喷量0.7～1.7升/分钟；微型隔膜泵，最大压力0.4～0.45兆帕；配单/双头圆锥雾喷头、扇形雾喷头和四孔可调喷雾喷头；12伏、10安培电池组，全封闭，免维护，最大连续喷洒时间达9小时；充电器输入AC为100～240伏50/60赫兹，输出DC为12伏、2安培。

（二）使用与维护

1.充电。喷雾器在运输或存放过程中，会自动放电。要确保使用（尤其是首次使用）前蓄电池已充足电。较长时间使用后，若听到喷雾器内部有蜂鸣声或喷头雾化质量变差，说明蓄电池亏电，需要及时充电。充电时，将充电器放置在干燥、通风、离地50厘米高度以上的安全地方，直接将充电器插头连到喷雾器"充电"插座上即可。每次充电时间不少于8小时。喷雾器较长时间不用时，应每隔一、二个月充电一次，保证蓄电池不亏电，延长蓄电池的使用寿命。

2.药械装配。按说明书要求，正确安装喷洒部件，药箱中加入清水，打开电源开关，按下喷杆上的控制手柄试喷，检查有无渗漏和异常。严禁液泵无水运转，否则影响泵的隔膜寿命；严禁倒置喷雾器，否则会损毁蓄电池。

3.喷头选用。扇形雾喷头适用于低矮作物地块的除草剂均匀喷洒，顺风方向，单侧平推作业。圆锥雾喷头用于杀虫剂喷洒，顺风方向，单侧摇摆作业。四孔可调喷头用于高秆作物或果树，农药损失较明显。

4.施药作业。勿在环境温度超过45℃或低于-10℃的情况下使用喷雾器。开启电源开关及药液开关，开始施药；关闭药液开关，水泵自动减压回流；再开药液开关，水泵自动开始升压工作。作业后，彻底清洗喷雾器，以防止腐蚀、堵塞及药液残留的危害。喷雾器外部用湿布擦洗。内部加入适量清水、摇晃后，再打开电源喷出。

■ 电动静电喷雾器

静电喷雾器是一种新型的植保机械，它是应用静电技术，在喷头与喷洒作物间建立起静电场，药液经喷头雾化后形成群体荷电雾滴，在静电场力的作用下，微细雾滴被强力吸附到作物叶片正面、反面和隐蔽部位，其雾滴沉积率高、散布均匀，飘逸散失少，具有杀虫效果好、节省农药、工效高、节能环保、省工省力、使用安全可靠等优点。但是静电喷雾器不同于传统的手动或电动喷雾器，使用方法有所不同，应加以注意才能充分发挥静电喷雾器的功效。常用机型有3JWB系列静电喷雾器（图4-10）。

图4-10　3JWB-15DB静电喷雾器
（王世龙提供）

（一）性能规格

一般静电喷雾器额定容量15升，雾滴直径40～150微米，喷液流量7～8升/小时，自带12伏可充电电池，静电电压20千伏，整机净重约4千克。

（二）使用与维护

1.充电。必须使用220伏交流电和相符的充电器对静电喷雾的电池充电。前3次充电每次不少于10小时，以后作业结束后每次充电时间约7小时。充电完毕应及时拔除充电插头。喷雾器长期不用，应每月充电一次。在喷淋作业中发现喷洒力减弱时，需立即关机对电池进行充电，不能将电池电力用尽，否则会严重影响电池寿命，甚至造成电池损坏。

2.施药环境。雾天、雨天或相对湿度较大的环境，会影响静电吸附效果，不宜进行静电喷淋作业，可将喷雾器转为无静电喷淋方式。局部小环境相对湿度较大时（如大棚种植环境），可采取通风措施适当降低湿度，再进行静电喷淋，即可获得良好的效果。

3.喷头选择。向前方或上方施药时，应使用直式可调式喷头。喷雾器作集束方式喷淋时，具有较大的穿透力和喷射距离，可直接对被喷淋物作业；喷雾器作弥雾方式喷淋时，调节喷头可获得不同的雾化效果，选择适用的雾化状态对被喷淋物作业。向下方施药时，应使用弯式喷头作弥雾式喷淋，将喷头置于作物上方30～50厘米，喷嘴向下，在选定的喷幅范围内作水平方向来回摆动。

4.药剂选择。静电喷雾器的喷枪等零部件用ABS等塑料制成，必须注意防止使用对其产生腐蚀的药液。

5.施药作业。开机时，施药者必须保持手握住静电喷雾器枪体扁圆部

上金属片和阀把，使雾滴与作物之间形成静电场。喷洒作业中，由下风区向上风区进行，施药时走向要与风向垂直，呈"几"字形路线。要注意作业人员不能处于喷头的下风位置，避免喷出的药液吹向人体（图4-11）。作业完毕，应倒净剩余药液，再用清水经滤网倒入桶体内，喷雾3～5分钟，彻底清洗喷雾器。

图4-11　静电喷雾器在蔬菜大棚中的应用
（山东省淄博市植保站提供）

6.静电安全防护。开机后，严防喷头靠近人体和碰及其他物件，严禁触摸喷头部件，否则会出现"麻电"现象。操作时，操作人员不得与非操作人员有肌肤接触。关机后，应将喷头与作物接触一次，让剩余静电消除，以免使操作人员受到静电刺激。喷枪在不喷雾时必须搁挂在本机挂钩上，不要随便乱放。

7.药械储存。喷雾器长期存放前，应用清洗液擦净并干燥，清洁时不可将底座、枪柄、喷头等喷雾器部件浸入水中洗刷，否则将损坏喷雾器。不得将静电喷雾器放置于对塑料件、金属件有腐蚀性的气体、液体和固体环境中。储存时应将喷雾器放置于防压、防潮、防晒的室内干燥环境，不得直接放置于地面。

热烟雾机

热烟雾机是一种新型植保机械，它利用热能将药液雾化成均匀、细小的烟雾微粒，能在空间弥漫、扩散，呈悬浮状态，对密闭空间内杀灭飞虫和消毒处理特别有效。它具有施药液量少、防效好、不用水等优点。适用于农作物、蔬菜大棚喷洒农药杀虫灭菌和叶面施肥，也可用于果园、园林、林业等。常用机型有6HYl8/20烟雾机、金刚牌6GY25型烟雾机等（图4-12）。

图4-12　金刚牌6GY25型烟雾机

（一）性能规格

以金刚牌6GY25型为例，外形尺寸约129厘米×26厘米×33厘米，药箱容积4升，油箱容积1.2升，净重7千克，耗油量1.3升/小时，喷药量25升/小时。

（二）使用与维护

1.作业要求。操作技术人员、指挥人员等应提前到达防治场地，进行全面查看，提前做好必要的防护措施，并根据病虫害发生的面积、地形、林木分布、常年风向及最近的气象预报等因素，确定操作人员的行走方向、行走路线和操作规则，以及施药后的药效检查等。宜于热烟雾机作业的气象条件为：风力小于3级时阴天的白天、夜晚，或晴天的傍晚至次日日出前后。晴天的白天，或风力3级及以上，或者下雨天均不宜喷烟作业，容易造成飘移危害和防治效果显著降低。

2.加油。先将93号汽油加入油箱，油箱中的汽油量不得低于油箱高度的1/3，拧紧油箱盖。

3.药液配制。根据防治面积，按1升/亩用量向配药桶中加入柴油，边搅拌边加入推荐剂量农药（不需加水），搅匀后至喷药结束时药液不分层即可。粉剂等固态农药需与柴油相溶才行。

4.加药。药箱内加入烟雾剂、配制均匀的药液，拧紧药箱盖。装药液不宜太满，应留出约1升的充压空间。

5.启动。用左手拇指按住点火开关,再用右手拇指按压手油泵,直至把油管中的空气排净,听到点火声音沙哑即可(用手油泵泵油一到两次,按下1/3即可),再用右手按住点火开关,用左手拉气筒的拉杆打气,当听到连续的隆隆声,即可放开点火开关,停止打气,这时机器正常启动。若短时间再重启动时无需再泵油。若第一次启动不成功,可能是化油器内汽油过多,需用气筒打气,将油吹干,再重复启动。

6.喷烟作业。将启动的机器背起,一手握住提柄,一手全部打开药液开关(注意不要半开),数秒钟后即可喷出烟雾。作业环境温度超过30℃时,喷完一箱药液后要停止5分钟,让机器充分冷却后再继续工作;若中途发生熄火或其他异常情况,应立即关闭药液开关,然后停机处理,以免出现喷火现象(图4-13、图4-14、图4-15)。

图4-13　烟雾机在蔬菜大棚的应用

图4-14　烟雾机在棉花田的应用

图4-15　烟雾机在油菜田的应用

7.停机。喷烟雾作业结束、加药加油或中途停机时,必须先关闭药液开关,后关油门开关,撤压油针按钮,发动机即可停机。

8.维护。长期停用时,用汽油清洗化油器内的油污,倒净油箱、药箱剩余物,用柴油清洗油箱和输药管道,擦去机器表面的油污和灰尘,取出电池,加塑料薄膜罩或放入包装箱内,置清洁干燥处存放。

⚠ 温馨提示

热烟雾机使用注意事项

作业过程中，手和衣服不可触及燃烧室和外部冷却管，以免烧伤或烧坏。工作时不能让喷口离目标太近，以免损伤目标，更不可让喷口及燃烧室外部冷却管接近易燃物，防止引发火灾。在工作中用完汽油加油时，必须停机5分钟以上方可加油，否则会发生燃烧事故。在密闭式空间喷热烟雾，喷量不要过大(每立方米不得超过3毫升)，不能有明火，不要开动室内电源开关，防止引起着火。

▪ 喷杆式喷雾机

喷杆式喷雾机是与拖拉机配套使用的宽幅动力喷雾机。它是由拖拉机动力输出轴带动液泵产生压力，通过喷杆上多个喷头组成6～36米宽的喷幅，进行大面积喷洒。具有作业效率高，喷洒质量好，喷液量分布均匀的特点，适于大面积喷洒各种农药、肥料和植物生长调节剂等的液态制剂，广泛用于大豆、小麦、玉米和棉花等农作物的播前、苗前土壤处理、作物生长前期除草及病虫害防治。国产机型有牵引式3W-2000型、悬挂式3W-650型、自走式3WX-280h等（图4-16、图4-17、图4-18）。

（一）性能规格

1.喷幅。小型喷幅2～8米，中型10～18米，大型18～36米。

图4-16 牵引式喷杆喷雾机

图4-17 悬挂式喷杆喷雾机

2.药箱容积。小中型容积200～1 000升，大型大于或等于2 000升；附加清水箱。

3.液泵。常采用2～6缸隔膜泵，工作压力0.2～0.4兆帕。

图4-18　自走式喷杆喷雾机

4.喷头。扇形雾喷头，单个喷头体或快速转换组合喷头体，膜片式防滴阀。

5.过滤装置。四级过滤，分别位于药液箱加液口、液泵前、压力管路（泵后）和各喷头处。

6.搅拌装置。药液回流搅拌（回流量为药箱容积的5%～10%）。

（二）使用与维护

1.机具选配。应根据不同作物、不同生长期选择适用机型（表4-2）。作物中后期根据植株高度，喷雾应配高地隙拖拉机。喷幅大于或等于10米的喷杆喷雾机应带有仿形平衡机构。喷除草剂的喷头应配有防滴阀。

表4-2　不同作物、不同生长期的适用机型

机 型	适用作物	生长期
横喷杆式	小麦、棉花、大豆、玉米等旱田作物	播前、播后苗前的全面喷雾、作物生长前期的除草及病虫害防治
吊杆式	棉花、玉米等	作物生长中、后期的病虫害防治
气流辅助式	棉花、玉米、小麦、大豆等旱田作物	作物生长中、后期的病虫害防治、生物调节剂的喷洒等

2.喷雾机与拖拉机的连接及调整。喷杆式喷雾机与拖拉机的连接应安全可靠，所有连接点应有安全销。悬挂式喷雾机与拖拉机连接后，应调节上拉杆长度，使喷雾机在工作时雾流处于垂直状态；牵引式喷雾机与拖拉机连接前应调节牵引杆长度，以保证机组转弯时不会损坏机具。

3.喷头、喷杆的安装与调整。喷杆上可采用多种液力喷头。喷头体主要有两种固定方式，一种方式是在硬质管路上打孔，喷头体固定在管路

上，药液通过管路进入喷头体，此种方式管路简单，喷头间距不能调节；另外一种是通过卡子将喷头体固定在喷杆上，用耐腐蚀高压液管相互连接，喷头间的距离可通过沿喷杆移动喷头体来进行调节。喷头可根据喷洒农药的类型和喷液量来选择。喷杆的安装要与地面平行，高度要适当，过低或过高均能造成喷洒不均匀。喷杆高度要根据喷头类型和喷头的喷雾角度来确定，一般距地面40～60厘米，最高不要超过80厘米。喷头与喷头间距50厘米时，喷杆高度应调整到使两个相邻扇形雾面相互重叠1/2，调节喷头扇形雾面方向与喷杆形成一个较小的角度（5°～10°），喷头扇形雾面方向要一致，使沿喷杆方向上的喷雾分布尽可能均匀，以免喷出的雾滴相互撞击，雾滴覆盖不均匀。喷洒苗后除草剂，喷杆高度应从作物顶端算起，喷杆不可距作物太近，否则易使杂草漏喷。苗带施药喷雾的宽度可通过调整喷杆高度和喷雾扇面与喷杆的角度来达到要求。

4.喷雾压力选择。当喷雾压力改变时，喷液量也会改变。喷液量的相对变化与喷头上压力的相对变化平方根成正比，要将喷液量加大1倍，压力就要增大4倍。压力大，流速快，雾滴小，雾化好；压力小，流速慢，雾滴大。喷洒土壤处理除草剂和苗后触杀型除草剂时，压力选196.1～294.2千帕为宜；喷洒苗后内吸传导型除草剂时，压力选294.2～490.3千帕为宜。总之，应根据所喷洒药剂的喷液量来选择适当的喷雾压力。

5.拖拉机车速调整。车速和单位面积喷液量成反比，即车速快，喷液量小；车速慢，喷液量大。喷洒除草剂时拖拉机行走速度应控制在6千米/小时内为宜，最高不要超过8千米/小时，计算公式如下：

$$V=600q/QB$$

式中：V 为拖拉机行走速度，千米/小时；q 为喷头总喷量，升/分钟；Q 为设计喷液量，升/公顷；B 为喷幅，米。

拖拉机轮胎的新旧程度、田间作业时土壤松紧度等因素均会影响车速。因此，施药前除了要计算拖拉机行走速度外，还要通过田间实测和校核。一般采用百米测定法，即在田间量取100米距离，记录拖拉机以计算的速度行走100米所需的时间，重复3次。如实测值与计算值有差值，可通过增减油门或换挡来调整车速。

6.计算药箱加药量。喷雾机调整好后，计算药箱加药量（千克或升），公式如下：

每药箱加药量=药箱容量×单位面积用药量/单位面积喷液量

7.药剂配制。药箱加药前，应配制母液。取配药桶，先加入少量清水，然后边搅拌，边加药，至药液分布均匀。切不可一次加药过多，否则不易搅拌均匀。粉剂与乳剂混用时，应先加粉剂，待粉剂搅拌均匀后再加乳剂进行搅拌；也可分别在两个药桶中配制母液。药箱加药时，应先在药箱中加入一半清水，然后加入配制好的母液，再加满清水。

8.喷药作业。作业前要丈量好土地，做好田间设计。喷洒苗前除草剂时，为避免重喷、漏喷，地头要留枕地线，待全田喷完再横喷地头。田间

图4-19　喷杆式喷雾机在小麦田喷施农药

一定要打堑插旗，拖拉机要带划印器，以便使两个喷幅间衔接准确。苗带施药或作物苗后施药，拖拉机行走路线最好与播种、中耕时的路线一致（图4-19）。

喷洒时应先给动力，然后打开送液开关喷洒；停车时应先关闭送液开关，后切断动力。在地头回转过程中，动力输出轴始终应旋转，以保持喷雾液体的搅拌，但送液开关须为关闭状态。

喷洒作业中应注意风速、风向，大风天应停止作业。喷洒易挥发和苗后除草剂时，一般上午10时至下午4时不宜作业。

驾驶员要注意观察喷杆是否与地面平行；喷雾压力、油门、车速是否保持稳定；喷头有无堵塞现象，如有堵塞应立即停车调整或及时更换喷头，避免在田间清理喷头造成药害和污染。堵塞的喷头应用水冲洗或用毛刷仔细清理，不可用锥子穿、挖，否则容易损坏喷头。

根据每个往返的面积确定加药量和加水量，做到定点、定量加药加水，往返核对，地块结清。如发现与设计的工作参数不符，要根据实际情况调整用药量。

药液接近喷洒完毕时，应切断搅拌回液管路，避免因回液搅拌造成喷

头流量不均。如果喷雾机药箱上没有安装液位观察器，则当压力表的指针发生颤动时，即说明喷雾机药箱已空，这时拖拉机的动力输出轴应当立即脱开，以免液泵脱水运动。

9. 作业后维护与保养。每天作业完成后药箱内加满清水，再均匀地喷洒到田块中，以清洗药箱、液泵及整个管路系统，以减少残留药液对机具的腐蚀，最后清洗喷雾机整机，清洗工作需在田地中进行，妥善处理清洗废液。改换药剂品种和不同种类作物时更要注意彻底清洗。在清洗2，4-D类除草剂时，必须先用大量清水冲洗后再用0.2%苏打水加满药箱，并使泵管路和喷头都充满水，浸留12小时左右排出，最后再用清水冲洗；也可用0.1%活性炭悬浮液浸2分钟，再用清水冲洗。

每年作业季节结束后，将喷雾机彻底清洗干净，晾干，金属部件涂油保养，防止生锈和被残留药剂腐蚀。将喷雾机保存在室内的清洁、干燥、阴凉、通风处。冬季来临前将药箱及所有管路中液体彻底放干净，以免机具冻裂。

喷雾机应定期清洗和检查。其主要故障包括喷头磨损、喷杆变形、液管破损、过滤器堵塞、药液滴漏及压力表不能正常指示等。每台喷雾机应备足配件，尤其是喷头组部件。应定期检测各个喷头的喷量和雾形，确保其喷量不过度增加以及药液沉积分布质量，更换喷头的费用往往比浪费农药的代价小得多，检测的周期取决于喷洒农药的类型和喷洒的总量。

■ 果园风送式喷雾机

适用于较大面积果园施药的大型机具，具有喷雾质量好、用药省、用水少、效率高等优点。但需要果树栽培技术与之配合，例如株行距及田间作业道的规划、树高的控制、树型的修剪与改造等。国产机型有：牵引式3WG-1000型、3WZ-500/800型、3WGZ-350型等以及悬挂式和自走式（图4-20、图4-21）。

（一）性能规格

1. 配套动力。18马力以上拖拉机（带动力输出轴）；或自走式底盘。

图4-20　牵引式风送喷雾机　　　　图4-21　自走式风送喷雾机

2.药箱容积。小中型200～800升，大型大于或等于1000升。

3.液泵。常采用2～6缸隔膜泵或柱塞泵，工作压力1.0～1.5兆帕。

4.风机。轴流风机或离心风机（带多出口风管），可变速齿轮箱。

5.喷幅。可由风机出口处上、下导风板调节。

6.喷头。网锥雾喷头或扇形雾喷头，膜片式防滴阀。

7.过滤装置。四级过滤——药液箱加液口、液泵前、压力管路（泵后）和各喷头处。

8.搅拌装置。药液回流搅拌或机械搅拌。

（二）使用与维护

1.作业环境。目前较广泛使用的果园风送喷雾机大都配备轴流风机，适合用在生长高度5米以下的密植果园。果树树型高矮应整齐一致，整枝修剪后，枝叶不过密，枝条排列开放。果树行间通过性好，最好没有明沟灌溉系统，地头空地的宽度应大于或等于机组转弯半径。喷洒作业时环境风速应低于3.5米/秒（3级风），以避免药液雾滴飘移污染。

2.器件检查。

（1）检查液泵和变速箱内的润滑油是否到位；拖拉机、喷雾机轮胎充气；隔膜泵气室充气；皮带张紧等。

（2）喷雾机与拖拉机挂接应可靠，销轴插入端应可靠锁紧，不得脱落。检查悬挂式喷雾机在提升中各位置万向传动轴是否正常，紧固左右链环。喷雾机升降应缓慢、平稳，不可过猛。

（3）药箱中加入1/3容量清水，在正常工作状态下喷雾。检查各部件工作是否正常，各连接部位有无漏液、漏油等现象，并排除故障。

3.喷头配置。将树高方向均匀分成上、中、下三部分，喷量的分布大体应是：1/5、3/5和1/5；但对篱笆型果树（如葡萄）上中下均匀分配。

4.喷量调整。根据喷量要求选择不同规格大小、不同数量的喷头。

5.喷幅调整。调整风机出风口处上、下导风板的角度，使喷出雾流正好包容整棵果树。

6.风速风量调整。风机气流必须能置换靶标体积内的全部空气，确保并稳定风机的额定转速。当用于矮化果树和葡萄园喷雾时，可采用低风量低风速作业。

7.泵压调整。确保液泵额定工作转速，调节工作压力0.2～0.5兆帕，测定喷头总喷量。

8.喷雾机组行走速度。一般在1.8～3.6千米/小时范围内合适，低容量喷雾推荐施药液量：果树枝叶茂盛时，每米树高为600～800升/公顷，农药配比浓度比常量喷雾提高2～8倍。

9.作业路线的确定。作业时操作者应尽可能位于上风口，避免在药雾笼罩区域内。喷雾机组一般应从下风处往上风处行进作业。

10.清洁、运输及储存。参照大田喷杆式喷雾机。

(!) 温馨提示

　　果园风送式喷雾机作业时，操作者必须穿戴耐农药腐蚀的防护衣、防护帽及经过消毒的防护口罩，严防农药中毒。

参考文献

何雄奎.2013.药械与施药技术.北京:中国农业大学出版社.

梁帝允,邵振润.2011.农药科学安全使用培训指南.北京:中国农业科学技术出版社.

农业部人事劳动司,农业职业技能培训教材编审委员会.2004.农作物植保员.北京:中国农业出版社.

农业部种植业管理司,全国农业技术推广服务中心.2013.农作物病虫害专业化统防统治培训指南.北京:中国农业出版社.

单元自测

1.国内常用植保机械的种类有哪些?

2.WS-16型手动喷雾器在使用时应如何选用合适的喷头?

3.举例说明哪几款药械适合保护地蔬菜田使用?哪几款适合果园使用?哪几款适合大田作物使用?

技能训练指导

热烟雾机在保护地蔬菜大棚的使用及维护

(一)材料用具

热烟雾机、雾滴测试卡、曲别针、一次性手套等。

(二)场地

蔬菜温室大棚。

(三)训练目的

掌握热烟雾机在保护地蔬菜大棚使用的技术要点,以及热烟雾机的清洗、保养与维护。

(四)实训内容

(1)正确配置药液。

（2）掌握使用技术要点。

（3）喷施药液后，通过检查雾滴测试卡，计算叶片正反面药液雾滴密度。

（4）施药完毕后，清洗与维护机具。

学习
笔记

模块五

农药安全科学使用

农药作为农业生产的重要投入品，是粮食和农业生产安全的重要保障，农产品无论出口国外还是进入城市，质量安全都是实现销售、增加农民收入的基础和前提，但农药有毒的特性又让其成为影响农产品质量的最重要因素。农药等有毒有害物质残留超标，不仅严重影响农产品出口和市场竞争力，也影响人民的消费安全。随着人们生活水平的提高和消费观念的转变，农产品的质量安全越来越受到重视，也成为舆论最关注的焦点问题。据统计，全国近10年来发生的农产品质量安全事件中，种植业农产品，如蔬菜、水果、茶叶等所占比例为62.1%，而由农药引起的事件又占所有种植业农产品质量安全事件的68.3%。因此，必须最大限度地发挥农药对农业生产的积极作用，同时最大限度地减少农药对农产品、人畜和环境的不利影响。

1 农药选购

根据即将发生的或正在发生的病虫草害，选购一种或几种恰当的农药组成防治套餐。

■ 对症买药

农药中的每种化合物都有特定的防治谱和重点防治对象。针对蚜虫可选购吡虫啉、啶虫脒、联苯菊酯、烯啶虫胺等有效成分农药品种，如10%吡虫啉可湿性粉剂（万里红）。针对小菜蛾可选购氯虫苯甲酰胺、茚虫威、乙基多杀菌素等有效成分农药品种，如15%茚虫威悬浮剂（道高），20%氯虫苯甲酰胺悬浮剂（康宽）。针对霜霉病、疫病可选择嘧菌酯、烯酰吗啉等，如25%嘧菌脂悬浮剂（阿米西达）。针对叶斑病、炭疽病可选择苯醚甲环唑、戊菌唑等三唑类成分的农药，如20%戊菌唑水乳剂（多米乐美），10%苯醚甲环唑水分散粒剂（世高）。

■ 查看标签

购买农药前，要查看标签上的内容是否完整（图5-1），格式是否规范，成分是否标注清楚，特别要看有没有生产日期和批号。我国规定一般农药的有效期为两年，超过两年的农药，质量很难保证。

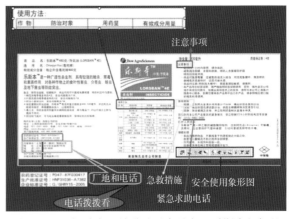

图5-1　400克/升毒死蜱乳油（商品名：乐斯本）标签

（一）查看农药是否有确切的厂址和完整的"三证"

正规合法的厂家会在其农药标签和使用说明书的明显位置上标出其详细地址、邮编、电话号码（一般是固定电话，如果只有移动电话号码，就应该谨慎），以及生产许可证、农药登记证、产品标准证"三证"的证号。进口农药产品则只需农药登记证和分装证。若无厂址、无三证，或套证，即为非法厂家，其产品则为假冒或质劣。

（二）查看药剂是否确切标明通用名

通用名是国家农药登记主管机关审定的法定名，一种农药只有一个通用名。所以在选购农药时，要辨别清楚药剂的通用名。不要购进两种商标（商品名）不同而通用名相同的药剂，避免造成不必要的浪费，甚至引起作物药害。

（三）查看农药的防治对象和作用方式

每种农药的防治对象都是经过严格试验后经农业部农药检定所核准登记的，一般只能有有限的一至数种。广谱性农药防治对象多一些，非广谱性农药少一些，如果一种农药列出了十多种甚至几十种防治对象，这种农药的可靠性就值得怀疑，起码是其中很多防治对象是由生产厂家擅自增加的，此举是不合法的。农药的作用方式对于指导使用者如何用药很重要，选购时亦不应忽略。

（四）了解农药的使用方法和使用浓度

这个问题看似简单，其实对于使用者很重要，例如可湿性粉剂、乳油和水剂适于喷雾，而粉剂适于喷粉，不能用作喷雾，熏蒸剂则只能用作熏蒸，不能用作喷雾和喷粉。至于使用浓度，许多使用者不按说明书上规定的浓度施药，随意加大使用浓度，这不仅增加了使用成本，同时也增加了农药对作物和环境的污染，还容易产生作物药害，甚至引发人畜中毒事故，造成损失。

■ 识别假劣

（一）外观观察

农药因生产质量不高，或因贮存保管不当，如外观上发生以下变化，说明农药质量有问题，就可能造成农药减效、变质或失效。

表5-1　农药剂型及其失效或变质状态

农药剂型	失效或变质状态
乳油（EC）	
水乳剂（EW）	
悬浮剂（SC）	制剂分层，产生沉淀物。对水不乳化分散，大量沉淀
水剂（AS）	
微乳剂（ME）	

（续）

农药剂型	失效或变质状态
可湿性粉剂（WP）	
可溶性粉剂（SP）	
水分散粒剂（WG）	粉粒结块，颗粒片剂脱粉，包装袋涨袋
颗粒剂（GR）	
片剂（TA）	

（二）核查农药登记、许可等证件号码

核对购进产品的农药登记证或者农药临时登记证、农药生产许可证或者农药生产批准文件、产品质量标准号等证明材料是否真实。禁止购进、销售无农药登记证或者农药临时登记证、无农药生产许可证或者农药生产批准文件、无产品质量标准和产品质量合格证以及检验不合格的农药。

（三）网络核对产品真伪

登录"中国农药信息网"（网址：http://www.chinapesticide.gov.cn）（图5-2），在"农药登记产品查询"栏目中输入该农药产品的农药登记证号，点击"查询"按钮，可核查农药产品与网上公布的农药登记核准信息内容是否相符。

如果在"农药登记产品查询"栏目中查询不到该产品时，可能有三种原因：一是该产品已由临时登记转为正式登记；二是该产品已过农药登记有效期；三是该产品为假冒产品。

当出现此类情况时，可在"产品过期查询"栏目中输入该农药产品的生产企业名称，点击"查询"按钮，可查询出该产品的有效期截止日期。如果该产品生产日期在其产品有效期内，则为合法产品。

图5-2　中国农药信息网网页

核实产品标签是否与登记核准相符。具体操作步骤为：登陆"中国农药信息网"，在"农药标签信息查询"栏目中输入标签上的农药登记证号，点击"查询"按钮，可核查农药登记核准标签内容。

（四）送检

有些农药质量用外观观察法很难识别是否假劣，或者难以判断假劣的程度，以及是否已严重失效等，因此，最准确可靠的方法是送往农药质量检验单位，按照农药质量标准进行仪器分析检验。

2 农药保管

农药是一种特殊商品，在其贮运和保管过程中，如不按照有关要求进行，就有可能引起人畜中毒和腐蚀、渗漏、火灾等不良后果，或者造成农药失效、降解及错用，造成作物药害等损失。农药产品应贮存在阴凉、通风、干燥的库房中。贮运时，严防潮湿和日晒，远离火源和热源。不得与食品、饮料、粮食、饲料等物品同贮同运。应置于儿童、无关人员及动物接触不到的地方，并加锁保存。国家技术监督局1991年9月1日发布实施的《农药贮运、销售和使用的防毒规程》（GB12475—90）对农药保管过程中的几个环节都作了具体要求。

表5-2　常用农药剂型及其保存注意事项

剂型	保存注意事项
乳油（EC）	
水乳剂（EW）	
悬浮剂（SC）	凡液态农药重点注意隔热防晒，干燥通风，防火防高温
水剂（AS）	
微乳剂（ME）	
可湿性粉剂（WP）	
可溶性粉剂（SP）	
水分散粒剂（WG）	固态农药重点注意防潮隔湿
颗粒剂（GR）	
片剂（TA）	

3 农药使用

◼ 药液配制

（一）农药二次稀释与配制

除少数可以直接使用的农药制剂以外，一般农药在使用前都要经过配制才能施用。农药的配制就是把商品农药配制成可以施用的状态。例如，乳油、可湿性粉剂等本身不能直接施用，必须对水稀释成所需浓度的喷施液才能喷施。农药配制一般要经过农药和配料取用量的计算、量取、混合几个步骤。

1.准确计算农药和配料的取用量。农药制剂取用量要根据其制剂有效成分的百分含量、单位面积的有效成分用量和施药面积来计算。

如果农药标签或说明书上已注有单位面积上的农药制剂用量，可以用下式计算农药制剂用量：

$$农药制剂用量［毫升（克）］＝单位面积农药制剂用量［毫升（克）/亩］×施药面积（亩）$$

如果农药标签上只有单位面积上有效成分用量，其制剂用量可以用下式计算：

$$农药制剂用量［毫升（克）］＝\frac{单位面积有效成分用量（克/亩）}{制剂中有效成分百分含量\%}×施药面积（亩）$$

如果已知农药制剂要稀释的倍数，可通过下式计算农药制剂用量：

$$农药制剂用量［毫升（克）］＝\frac{要配制的药液量或喷雾器容量（毫升）}{稀释倍数}$$

2.安全、准确地配制农药。液体药要用有刻度的量具，固体药要用秤称量。量取好药和配料后，要在专用的容器里混匀（图5-3）。应注意以下几点：

（1）不能用瓶盖倒药或用饮水桶配药；不能用盛药水的桶直接下河沟取水；不能用手直接伸入药液或粉剂中搅拌。

（2）在开启农药包装和称量配制时，操作人员应戴用必要的防护器具。

（3）配制人员必须经专业培训，掌握必要的技术，熟悉所用农药的性能。

（4）孕妇、哺乳期妇女不能参与配药。

（5）农药称量、配制应根据药品性质和用量进行，防止溅洒、散落。

图5-3　配制农药操作方法

（6）配制农药应在离住宅、牲畜栏和水源较远的场所进行；药剂随配随用，已配好的应尽可能采取密封措施；开装后余下的农药应封闭在原包装内，不得转移到其他包装中。

（7）配药器械一般要求专用，每次用后要洗净，不得在河流、小溪、井边冲洗。

（8）少量剩余和舍弃的农药应埋入地坑中。

（9）处理粉剂和可湿性粉剂时要小心，防止粉尘飞扬。

（10）喷雾器不要装太满，以免药液泄漏；当天配好的，当天用完。

（二）农药浓度的表示方法

任何一种农药，起药效作用的只是其中的有效成分，各种所标明的百分数就是指有效成分含量。如40%氧化乐果、50%辛硫磷等。农药稀释或者计算有效成分用量，都要以商品制剂的有效成分含量或浓度作为基础。常见的农药浓度表示方法有以下几种。

1.重量百分比表示法。表示100份药液或药粉中含农药有效成分的份数。如0.05%乐果乳油稀释液，即表示100千克（或其他重量单位）这种药液中含有效成分0.05千克。

2.倍数表示法。一般直接称为药剂的多少倍，如2 000倍液、500倍液等。其中农药制剂的量为1，水的量为倍数减1。但在实际应用中，当稀释倍数大于100时，往往不再扣除药剂所占的1份，直接取相应倍数的稀释物（水、土等）进行稀释。

3.每公顷施有效药量表示法。就是在每公顷田中需要施入农药有效成分的量。一般固体（包括粉剂、可湿性粉剂、可溶性粉剂、片剂等）农药以"克"为单位，液体农药（如乳油、油剂等）以"毫升"为单位。这种表示方法适用于各种有效成分含量。对于同一种农药，不论有几种浓度规格，都可以从单位面积施有效药量上得到统一。因而，这是一种较其他表示方法更为简单而确切的表示方法，应该提倡使用。

■ 安全防护

（一）经皮毒性的防护

在农药的贮运、配制、施用、清洗过程中，要穿戴必要的防护用具（图5-4），尽量避免皮肤与农药接触。田间施药前，要检查药械是否完好，以免施药过程中"跑冒滴漏"。施药时，人要站在上风处，实行作物隔行

图5-4　施药防护服及面罩

施药操作。施药后，要及时更换工作服，及时清洗手、脸等暴露部分的皮肤和更换下来的衣物以及施药器械等。如果不慎将药剂沾在皮肤上，应立即停止作业，用肥皂及大量清水（不要用热水）充分冲洗被污染的部位。但对敌百虫药剂的污染不要用肥皂，以免敌百虫遇碱性

肥皂后转化为毒性更强的敌敌畏。眼睛不慎溅入药液或药粉，必须立即用大量清水冲洗一段时间。

（二）吸入毒性的防护

尽量避免施药人员在农药烟、雾中呼吸，否则应按农药标签的要求佩戴口罩或防毒面具。顺风喷药，避免逆风喷药。室内施药时，要保证有良好的通风条件。农药容器都应封好，如有渗漏，应及时处理。如不慎吸入农药或虽未察觉但身体感到不舒服时，应立即停止工作并转移至空气

新鲜、流通处，除掉可能已污染的口罩及其他衣物，用肥皂和清水洗手、脸，用洁净水漱口。

（三）经口毒性的防护

施药人员操作农药时要严禁进食、喝水或抽烟。施药后、吃东西前要洗手。不要用嘴吹堵塞了的喷头。不要将杀鼠剂的诱饵和拌过药的种子与食用粮食、饲料混放在一起，以免误食。被污染的粮食不得食用或喂牲畜。高毒、剧毒农药不得用于果树、蔬菜、茶叶和中草药。农药中毒死亡的动物须深埋，严禁食用或贩卖。严格执行《农药安全使用标准》和《农药合理使用准则》，确保农产品中农药残留量不超标。对农产品农药残留量实行监测制度，残留量超标者不得上市。使用农药或清洗药械时，不要污染水源或者池塘。贮存农药要有专门设施，并有专人保管。废弃农药及容器要妥善处理，不得再作他用。

■ 科学施药

（一）对症

农药的品种很多，不同品种的特点和防治范围不同。因此，应针对防治对象的种类和特点，选择最合适的农药品种和剂型。

（二）适时

不同发育阶段的病、虫、草害对农药的抗药力（对药剂的抵抗力）不同。农药施用应选择在病、虫、草最敏感的阶段或最薄弱的环节进行，过早或过晚使用都会影响防治效果。

（三）适量

以10%吡虫啉可湿性粉剂为例，防治蚜虫10～20克/亩。一亩地按使用两喷雾器（1喷雾器15升水）计算，则每喷雾器放5～10克药剂即可。在5～10克的范围内根据虫情确定每喷雾器用量多少。还有些农药的表示方法是稀释倍数，假如使用倍数是1 000～1 500倍，即说明1克该药剂应对水 1 000 ~ 1 500 克来使用，若用喷雾器来施药，一喷雾器放 10 ~ 15 克即可。农药标签或说明书的推荐用药量一般都是经过反复试验才确定下来的，使用中不能任意增减，必须根据施用面积，把药量和用水量量准，不能估计用药。否则，用药量少了达不到防治目的；用药量多了，作物易产生药害，污染环境，甚至会造成残留和影响下茬作物的生长。

（四）适法

合理得当的施药方法是提高用药质量，保证防治效果的重要环节。在药剂选择的基础上，应根据农药的剂型、理化性质以及有害生物的发生特点，选用适当的施药方法。例如，可湿性粉剂不可作为喷粉用，而粉剂则不可对水喷雾；对光敏感的辛硫磷拌种效果则优于喷雾；防治地下害虫宜采用毒谷、毒饵、拌种等方法，玉米螟的防治则应选用投撒颗粒剂或灌心叶的方法。使用胃毒性杀虫剂时要求喷雾的药液能充分覆盖作物；使用触杀性杀虫剂时应将喷头对准靶标喷洒或充分覆盖作物；使用内吸性杀虫剂应根据药剂内吸传导的特点，采用株顶定向喷雾法喷洒药液等。

（五）安全

在安全问题上，一方面需防止药害，一般来说，禾谷类作物、棉花和果树中的柑橘耐药力较强，而桃、李、梨、瓜类、豆类抗药力则较差，易发生药害，防治这类作物上的病虫害时，对药剂的选用应特别注意。此外，就是同一类作物不同品种之间，耐药力也不完全相同；同一种作物在不同发育阶段或生长发育不同状态时耐药力都有所不同。另一方面要注意农药与天敌的关系，一定要从生态学观点出发施用农药，合理选择农药的剂型，掌握好施药次数、施药量和施药时间等，达到既防治病虫害，又能保护天敌的目的（表5-3）。

表5-3　不同农药种类及其使用注意事项

农药类别	使用注意事项
无机铜制剂（氢氧化铜）	下雨前或作物水湿环境较大情况下禁用
三唑类药剂（丙环唑、氟硅唑、氟环唑、苯醚甲环唑）	作物苗期慎用，抑制生长

（续）

农药类别	使用注意事项
氟虫腈	水稻田或有鱼塘区域禁用，对青蛙及水生生物为害大
有机磷农药（辛硫磷、毒死蜱）	瓜类苗期禁用
菊酯类农药	作物花期慎用，对蜜蜂伤害大
甲氧丙烯酸酯类（嘧菌脂）	勿和乳油、有机硅混用

（六）看天气

刮风、下雨、高温、高湿等天气条件下施用农药，会对药效造成很大影响，应特别注意。

■ 抗性治理

（一）综合防治

单一使用化学药剂防治农业有害生物，不但容易使其产生抗药性，而且也能把大量天敌毒死，使害虫再猖獗。因此，应因地制宜选用农业防治、生物防治、物理防治和药剂防治等相结合的综合防治措施，使之彼此密切配合，有机协调，更有效地控制病虫草鼠的危害。

（二）合理混配农药

目前农药复配混用有两种方法：一种是农药厂把两种以上的农药原药混配加工，制成不同制剂。另一种是农民根据当时当地防治病虫的实际需要，把两种以上的农药现混现用，如杀虫剂加增效剂、杀菌剂加杀虫剂等。值得注意的是，农药复配虽然可产生很大的经济效益，但切不可任意组合，田间现混现用应坚持先试验后混用的原则。

（三）交替轮换用药

化学农药交替轮换使用，就是选择最佳的药剂配套使用方案，包括药剂的种类、使用时间、次数等，要避免长期连续单一使用同一种药剂。实践证明，交替轮换使用不同作用机制的药剂是控制抗性产生的有效措施。

（四）农药间断使用或停用

当农业有害生物对某种农药产生抗药性后，如在一段时间内，暂时停止使用该种农药，此抗药性有可能逐渐减退，甚至消失。

（五）添加农药增效剂

农药增效剂能抑制病虫体内解毒酶的活性，从而增加药效，同时防止或延缓了病虫抗药性的产生。

■ 残留控制

（一）严格按国家有关规定和农药登记批准的使用范围用药

1.国家明令禁止使用的农药品种。包括六六六、滴滴涕、毒杀芬、二溴氯丙烷、杀虫脒、二溴乙烷、除草醚、艾氏剂、狄氏剂、汞制剂、砷、铅类、敌枯双、氟乙酰胺、甘氟、毒鼠强、氟乙酸钠、毒鼠硅、甲胺磷、甲基对硫磷（甲基1605）、对硫磷（1605）、久效磷、磷胺共23种农药。

2.在蔬菜、果树、茶叶、中药材上不得使用和限制使用的农药。

（1）禁止在蔬菜、果树、茶叶和中草药材上使用甲拌磷、甲基异柳磷、特丁硫磷、甲基硫环磷、治螟磷、内吸磷、克百威、涕灭威、灭线磷、硫环磷、蝇毒磷、地虫硫磷、氯唑磷和苯线磷等高剧毒农药。

（2）禁止在甘蓝上使用氧乐果。

（3）禁止在茶树上使用三氯杀螨醇和氰戊菊酯。

（4）禁止在花生上使用丁酰肼（比久）。

（5）禁止在甘蔗上使用特丁硫磷。

（二）严格控制农药施用浓度、施药量、剂型、次数和施药方式

农作物上的农药残留量不仅与农药性质有关，而且与农药的使用浓

度、用量、剂型、次数和方式有关，它是随着施药浓度、用药量和次数的增加而增多。农药剂型中以乳油残留量最大，乳粉和可湿性粉剂次之，粉剂较低；在施药方式中，种子处理、土壤处理、树干包扎比喷雾、喷粉有更高的残留。

（三）严格遵守农药使用安全间隔期的有关规定

施药时间距农作物收获期越近，残留量越高，因而可根据安全间隔期（最后一次施药距收获的天数）规定，提前在农作物的生长前期和害虫幼龄期或病原菌初侵染期时用药，既能提高对病虫害的防治效果，又能减少农药的残留量，使收获后的农产品中农药残留量符合规定标准。

（四）制定农药在农产品上最大允许的残留量标准

最大允许残留量是指在收获的农产品中允许某些农药的最高限度残留量。小于这个残留量，一般可以保证食用者安全无害。制定最大允许残留量，要根据不同性质的药剂和不同类型的农产品，一般对粮食和多作为生食的果品、蔬菜或不经长时间蒸熟的食品，规定要严格一些。

（五）发展推广高效、低毒、低残留农药

目前推广的环保农药有：甲氨基阿维菌素苯甲酸盐、氯虫苯甲酰胺、乙基多杀菌素、阿维菌素、嘧菌酯。推广的环保剂型为：悬浮剂、水乳剂、微乳剂、水分散粒剂。

农药残留限量标准的制定有利于维护出口经济利益和人类的健康。了解我国蔬菜中农药残留限量标准（表5-4），有助于在蔬菜种植过程中科学施药，安全生产。

表5-4 我国蔬菜中农药残留限量标准

农药名称	残留成分	蔬菜品种	限量标准（毫克/千克）
伏杀硫磷	有机磷	大白菜、菠菜、普通白菜、莴苣	1
马拉硫磷	有机磷	花椰菜、番茄、茄子、辣椒、胡萝卜	0.5
		芹菜	1
		大白菜、普通白菜、莴苣	8
亚胺硫磷	有机磷	大白菜	0.5
乙烯利	有机磷	番茄	2
三唑磷	有机磷	甘蓝、节瓜	0.1
丙溴磷	有机磷	甘蓝	0.5
毒死蜱	有机磷	韭菜、大白菜、普通白菜、菠菜	0.1
		番茄	0.5
		花椰菜、胡萝卜、根芹菜	1
乐果	有机磷	韭菜、洋葱、大蒜	0.2
		番茄、茄子、芹菜、胡萝卜	0.5
		花椰菜、大白菜、菠菜、莴苣	1
地虫硫磷	有机磷	蔬菜	0.01
甲拌磷	有机磷	蔬菜	0.01
治螟磷	有机磷	蔬菜	0.01
特丁硫磷	有机磷	蔬菜	0.01
甲基异柳磷	有机磷	蔬菜	0.01
内吸磷	有机磷	蔬菜	0.02
灭线磷	有机磷	蔬菜	0.02
氧乐果	有机磷	蔬菜	0.02
苯线磷	有机磷	蔬菜	0.02
硫环磷	有机磷	蔬菜	0.03

（续）

农药名称	残留成分	蔬菜品种	限量标准（毫克/千克）
辛硫磷	有机磷	蔬菜	0.05
氯丹	有机氯	蔬菜	0.02
七氯	有机氯	蔬菜	0.02
异狄氏剂	有机氯	蔬菜	0.05
二甲戊灵	有机氯	莴苣	0.1
		普通白菜、大白菜、甘蓝、菠菜、芹菜、韭菜	0.2
顺式氰戊菊酯	菊酯	大白菜、菠菜、普通白菜、莴苣	1
联苯菊酯	菊酯	番茄	0.5
甲氰菊酯	菊酯	甘蓝、莴苣	0.5
		普通白菜、大白菜、菠菜、芹菜、韭菜	1
醚菊酯	菊酯	甘蓝	0.5
		普通白菜、大白菜、菠菜、芹菜、韭菜	1
氟胺氰菊酯	菊酯	花椰菜、甘蓝、大白菜、菠菜、普通白菜、芹菜、韭菜	0.5
氰戊菊酯	菊酯	胡萝卜	0.05
		番茄、茄子、黄瓜、西葫芦、丝瓜	0.2
		花椰菜、甘蓝、大白菜、菠菜、普通白菜、莴苣	0.5
氟氰戊菊酯	菊酯	萝卜、胡萝卜、山药	0.05
		番茄、茄子、辣椒	0.2
		花椰菜、甘蓝	0.5
氟氯氰菊酯	菊酯	花椰菜	0.1
		普通白菜、大白菜、菠菜、芹菜、韭菜	0.5

（续）

农药名称	残留成分	蔬菜品种	限量标准（毫克/千克）
溴氰菊酯	菊酯	萝卜、胡萝卜、根芹菜、芋	0.2
		番茄、茄子、辣椒	0.2
		花椰菜、甘蓝、大白菜、菠菜、普通白菜、莴苣	0.5
氯氰菊酯	菊酯	黄瓜	0.2
		番茄、茄子、辣椒	0.5
		芹菜、韭菜	1
		普通白菜、大白菜、菠菜、莴苣	2
氯菊酯	菊酯	蔬菜	1
氯氟氰菊酯	菊酯	莴苣、番茄、茄子、辣椒	0.2
		甘蓝、菠菜、芹菜、韭菜	0.5
多菌灵	氨基甲酸酯	芦笋、辣椒	0.1
		番茄、黄瓜	0.5
茚虫威	氨基甲酸酯	甘蓝、普通白菜、芥蓝	2
抗蚜威	氨基甲酸酯	甘蓝、花椰菜	1
灭多威，硫双威	氨基甲酸酯	花椰菜	2
甲霜灵	氨基甲酸酯	黄瓜	0.5
霜霉威	氨基甲酸酯	黄瓜	2
甲基硫菌灵	氨基甲酸酯	辣椒、番茄、甜椒、茄子	2
克百威	氨基甲酸酯	蔬菜	0.02
丁硫克百威	氨基甲酸酯	辣椒、甜椒、番茄、茄子	0.1
		普通白菜、大白菜、菠菜、芹菜、韭菜	0.5
二硫代氨基甲酸酯类（代森锰锌）	氨基甲酸酯	马铃薯、山药	0.5
		茄子、辣椒、甜玉米	1
		甜椒、黄瓜	2
		菜豆、豌豆	3

（续）

农药名称	残留成分	蔬菜品种	限量标准（毫克/千克）
涕灭威	氨基甲酸酯	蔬菜	0.03
		马铃薯、山药	0.1
甲萘威	氨基甲酸酯	普通白菜	1
		蔬菜	2
炔螨特、克螨特	硫氧	大白菜、菠菜、普通白菜、莴苣	2
四聚乙醛	碳氧	普通白菜、大白菜、甘蓝、菠菜、芹菜、韭菜	1
双甲脒	有机氮	番茄、茄子、辣椒	0.5
灭蝇胺	有机氮	豆类蔬菜	0.5
		黄瓜	1

■ 农药废物处理

（一）农药废弃物的来源

农药废弃物的主要来源：①由于贮藏时间过长或受环境条件影响，变质、失效的农药。②在非施用场所溢漏的农药以及用于处理溢漏农药的材料。③农药废包装物，包括盛农药的瓶、桶、罐、袋等。④施药后剩余的药液。⑤农药污染物及清洗处理物。

（二）农药废弃物的安全处理

1.被国家指定技术部门确认变质、失效及淘汰的农药应予销毁。高毒农药一般先经化学处理，而后在具有防渗结构的沟槽中掩埋，要求远离住宅区和水源，并且设立"有毒"标志。低毒、中毒农药应掩埋于远离住宅和水源的深坑中，凡是焚烧、销毁的农药应在专门炉中进行处理。

2.在非施用场所溢漏的农药要及时处理。对于固态农药如粉剂和颗粒剂等，要用干沙或土掩盖并清扫安全地方或施用区；对于液态农药用锯末、干土或粒状吸附物清理，如属高毒且量大时应按照高毒农药处理方式进行。要注意不允许将清洗后的水倒入下水道、水沟或池塘等。

3.妥善处理农药包装。农药应用原包装存放，不能用其他容器盛装。农药空瓶（袋）应在清洗三次后，远离水源深埋或焚烧，不得随意乱丢，不得盛装其他农药，更不能盛装食品（图5-5、图5-6、图5-7）。

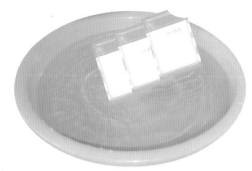

图5-5　农药包装袋的清洗

图5-6　清洗农药包装袋的水倒入喷雾器

图5-7　清洗后的空药袋集中处理

4 药械清洗

弥雾机、喷雾器等小型农用药械，在喷完药后应立即进行清洗处理，特别是使用剧毒农药和各种除草剂后，更要立即将药械桶内清洗干净，否则就会对农作物或蔬菜产生毒害。如前一天用有机磷农药喷棉花，而第二天在没有进行药械清洗的情况下，又用菊酯类农药喷蔬菜，这样药械桶内的剧毒残余农药就喷到了蔬菜上；除草剂有防除窄叶植物和防除阔叶植物的不同药剂，药具在使用过程中如不清洗干净，交替用时很容易伤害不同类型的植物。因此，喷雾器、弥雾机等用后应及时清洗，马虎不得。

使用杀虫剂、杀菌剂类药械的清洗

一般农药使用后，用清水反复清洗、倒置晾干即可。

对毒性大的农药，用后可用泥水或碱水反复清洗，倒置晾干。

■ 使用除草剂类药械的清洗

（一）清水清洗

麦田常用除草剂如巨星（苯磺隆），玉米田除草剂如乙阿合剂等，大豆、花生田除草剂如精吡氟禾草灵，水稻田除草剂如百草枯、灭草松等，在打完药后，需马上用清水清洗桶及各零部件数次，之后将清水灌满喷雾机浸泡 2 ~ 24 小时，再清洗 2 ~ 3 遍，便可放心使用。

（二）泥水清洗

针对百草枯（克无踪）遇土便可钝化，失去杀草活性的原理，因而在打完除草剂克无踪后，只要马上用泥水将喷雾器清洗数遍，再用水洗净即可。

（三）硫酸亚铁洗刷

除草剂中，唯有 2,4-D 丁酯最难清洗。在喷完该除草剂后，需用 0.5% 的硫酸亚铁溶液充分洗刷，之后再对棉花、花生等阔叶作物进行安全测试方可再装其他除草剂使用。

每年防治季节过后，应将重点部件用热洗涤剂或弱碱水清洗，再用清水清洗干净，晾干后存放。某些施药器械有特殊的维护保养要求，应严格按要求执行。

清洗药械的污水，不得带回生活区，不准随地泼洒，或流入河塘，防止污染环境。

5 中毒救治

由于不同农药的中毒作用机制不同，所以有不同的中毒症状表现，一般表现为恶心呕吐、呼吸障碍、心搏骤停、休克、昏迷、痉挛、激动、烦躁不安、疼痛、肺水肿、脑水肿等。

■ 急救措施

（一）去除农药污染源，防止农药继续进入人体内

1.经皮引起中毒者的急救。应立即脱去被污染的衣裤，用软布去除沾染农药，迅速用温水冲洗干净，或用肥皂水冲洗（敌百虫除外）。若眼内溅入农药，立即用生理盐水冲洗20次以上，然后滴入2%可的松和0.25%氯霉素眼药水。

波尔多液和除虫菊素中毒的急救

波尔多液中毒的急救：用软布去除沾染农药，可用0.1%亚铁氰化钾600毫升或用硫代硫酸钠清洗，或用清水冲洗；脱去污染的衣物；如仍感觉不适，应当尽快携标签到医院就诊。

除虫菊素中毒的急救：用软布去除沾染农药，然后用5%碳酸氢钠液或淡肥皂水和清水冲洗，或单纯用清水冲洗；脱去污染的衣物。如仍感觉不适，应当尽快携标签到医院就诊。

2.吸入引起中毒者的急救。立即离开施用农药现场，转移到空气清新处，及时更换衣物、清洗皮肤，并解开衣领、腰带，保持呼吸畅通，如仍感觉不适，应当尽快携标签到医院就诊。

磷化铝中毒的急救

立即离开施用农药现场，转移到空气清新处，及时更换衣物、清洗皮肤。如仍感觉不适，应当尽快携标签到医院就诊。保持安静和卧

床休息，并吸氧。吸入高浓度者，至少观察24～48小时，以便早期发现病情变化，尤其是迟发性肺水肿病情监测。

3. 经口引起中毒者的急救。应及早引吐、洗胃、导泻或对症使用解毒剂。具体做法是：立即停止服用，并漱口。清醒者立即催吐（菊酯类农药不能催吐，只能洗胃），有疑问向当地专业机构求救，携带农药标签尽快到医院就诊。

（二）及早排出已吸收的农药及其代谢物

1. 吸氧。气体状或蒸汽状的农药引起中毒，吸氧后可促使毒物从呼吸道排除出去。

2. 输液。在无肺水肿、脑水肿、心力衰竭的情况下，可输入10%或5%葡萄糖盐水等，促进农药及其代谢物从肾脏排除出去。

3. 透析。采用结肠透析、腹膜透析、肾透析等。

■ 治疗措施

（一）及时服用解毒药品

1. 胆碱酯酶复能剂。国内使用的复能剂有解磷定、氯磷定、双复磷、双解磷。但它们只对有机磷农药的急性中毒有效，对慢性有机磷农药中毒、氨基甲酸酯类农药中毒无复能作用。

2. 硫酸阿托品。用于急性有机磷农药中毒和氨基甲酸酯类农药中毒的解毒药物。

3. 巯基类络合剂。这类药物对砷制剂、有机氯制剂有效，也可用于有机锡、溴甲烷等中毒，常用的有二巯基丙磺酸钠、二巯基丁二酸钠、二巯基丙醇、巯乙胺等。

4. 乙酰胺。它可使有机氟农药中毒后的潜伏期延长，症状减轻或制止发病，效果较好。

小常识

特效解毒剂治疗农药中毒

有机磷类农药中毒：阿托品、氯磷定为特效解毒剂。

速灭威、甲萘威、硫双威、克百威、抗蚜威、丁硫克百威、霜霉威、灭多威、异丙威、仲丁威等氨基甲酸酯类农药中毒：适量使用阿托品，禁用胆碱酯酶复能剂。

甲基胂酸锌中毒：二巯苯磺钠、二巯丁二钠等为解毒剂。

（二）对症治疗

1.对呼吸障碍者的治疗。由有机磷农药中毒引起呼吸困难、呼吸间断时，可用阿托品、胆碱酯酶复能剂治疗。如果中毒者呼吸停止，应立即进行输氧，口对口人工呼吸，清洁中毒者的口、鼻、咽等上呼吸道，保持呼吸畅通。

2.对心搏骤停者的治疗。此种症状是发生在呼吸停止后或农药对心脏直接的毒性作用所致，要分秒必争地及时抢救。其方法是：采用心前区叩击术，用拳头叩击心前区，连续3~5次，用力中等，这时可出现心跳恢复，脉搏跳动。如用此法仍然无效，应立即改用胸外心脏按压，每分钟达60~80次。还可用浓茶做心脏兴奋剂，必要时注射安息香酸钠咖啡因等。

3.对休克者的治疗。急救休克者，应使病人足高头低，注意保暖，必要时进行输血、输氧和人工呼吸。

4.对昏迷者的治疗。急救时将患者放平，头略向下垂，输氧，对症治疗。还可采用针刺人中、内关、足三里、百会、涌泉等穴位治疗。

5.对痉挛者的治疗。对缺氧引起的痉挛应给予吸氧，对其他中毒引起的痉挛可用水合氯醛灌肠，肌注苯巴比妥钠或吸入乙醚、氯仿等药物。

6.对激动不安者的治疗。用水合氯醛灌肠，服用缬缬草根滴剂可缓解中毒者的躁动不安。

7.对疼痛者的治疗。对头、肚、关节等疼痛可使用镇痛剂止痛。

8.对肺水肿者的治疗。输氧，使用较大剂量肾上腺皮质激素、利尿剂、钙剂、抗菌剂及小量镇静剂。

9.对脑水肿者的治疗。输氧，头部用冰袋冷敷，用能量合剂、高渗葡萄糖、脱水剂、皮质激素、多种维生素等药物。

小常识

农药中毒时无特效解毒剂的治疗

杀虫双、杀螟丹、杀虫单中毒：毒蕈碱样症状明显者可用小剂量阿托品类药物。忌用胆碱酯酶复能剂。

百草枯中毒：尽早进行血液灌流治疗。

敌稗、敌草隆、氟乐灵、单甲脒中毒：如发生高铁血红蛋白血症可用亚甲蓝治疗。

硫丹中毒：保持病人安静，有效控制抽搐，维持呼吸功能，必要时给予机械通气。

溴氰菊酯中毒：主要是彻底清除毒物和对症治疗，其措施为输液、服用安定剂、大量维生素和激素等，经口误服者需及时洗胃。

---

6 农药药害

农药药害是指因施用农药对植物造成的恶性伤害，一般说来是在农药喷洒、拌种、浸种、土壤处理等使用过程中，由于药剂浓度过大、用量过多、使用不当或某些植物对药剂过敏，从而产生影响植物的生长，如发生落叶、落花、落果、叶色变黄、叶片凋零、灼伤、畸形、徒长及植株死亡等现象。农药药害分为急性药害和慢性药害2种，施药后几小时至几天内即出现症状的，为急性药害；施药后不是很快出现明显症状，仅表现为光合作用缓慢，生长发育不良，结实延迟，果实变小或不结实，籽粒不饱满，产量降低或品质变差，则为慢性药害。

■ 农药药害发生原因

（一）产品质量差

如农药厂家生产的农药产品质量不达标，或是制假企业生产的产品成分及剂型与标签不符，含有隐性成分或过期沉淀分层变质。某些农药销售点没有按照农药厂家的要求推荐销售，在推荐过程中擅自扩大使用范围，或为了追求利润最大化，销售不合格或含有禁用成分的产品。

（二）实际操作不当

在施用过程中，不按标签说明使用或随意加大用药量，擅自扩大使用范围，不同药剂不合理混用，施药器械性能不良，作业不均匀，或是农户对施药器械清洗不彻底，药剂误用等操作不当行为，都能产生药害。

（三）植物敏感度高

部分植物品种本身对某些药剂比较敏感，或是同一品种不同生长阶段以及不同的植株部位对药剂敏感、耐药力较差。

　　不同农作物对同一种农药的敏感程度不一，同一农作物对不同农药的敏感程度不一，若农药使用不当，会造成药害。常见农药敏感作物见表5-5。

表5-5　常见农药敏感作物

农药名称	敏感作物
敌敌畏	瓜类幼苗、玉米、豆类、高粱、月季花、核果类、猕猴桃、柳树、国槐、樱桃、桃子、杏子、榆叶梅、二十世纪梨、京白梨、梅花、杜鹃
三唑磷	甘蔗、高粱、玉米
敌百虫	核果类、猕猴桃、高粱、豆类、瓜类幼苗、玉米、苹果（曙光、元帅等品种早期）、樱花、梅花
辛硫磷	黄瓜、菜豆、西瓜、高粱、甜菜
毒死蜱	烟草、莴苣、瓜类苗期、一些作物花期、某些樱桃品种
乐果、氧乐果	猕猴桃、人参果、桃、李、无花果、枣树、啤酒花、菊科植物、高粱的部分品种、烟草、梨、樱桃、枣、柑橘、杏、梅、橄榄、无花果、梅花、樱花、花桃、榆叶梅、贴梗海棠、杏、梨等蔷薇科观赏植物及爵床科的虾衣花、珊瑚花
乙酰甲胺磷	桑树、茶树
马拉硫磷	番茄幼苗、瓜类、豇豆、高粱、樱桃、梨、桃、葡萄和苹果的一些品种
倍硫磷	十字花科蔬菜的幼苗、梨、桃、樱桃、高粱及啤酒花
杀螟硫磷	高粱、玉米及白菜、油菜、萝卜、花椰菜、甘蓝、青菜、卷花菜等十字花科植物
杀扑磷	多种作物花期
丙溴磷	棉花、瓜豆类、苜蓿和高粱、十字花科蔬菜和核桃花期
水胺硫磷	蔬菜、桑树、桃树
三氯杀螨醇	柑橘、山楂及苹果的某些品种
杀虫双	白菜、甘蓝等十字花科蔬菜幼苗、豆类、棉花、马铃薯、柑橘
三唑锡	果树嫩梢期
杀虫单	棉花、烟草、大豆、四季豆、马铃薯
杀螟丹	扬花期水稻、白菜、甘蓝等十字花科蔬菜幼苗
仲丁威	瓜、豆、茄科作物
异丙威	薯类作物
混灭威	烟草

（续）

农药名称	敏感作物
甲萘威	瓜类
氟啶脲	白菜幼苗
吡虫啉	豆类、瓜类
噻嗪酮	白菜、萝卜
炔螨特	梨树、柑橘春梢嫩叶及25厘米以下瓜、豆、棉苗
双甲脒	短果枝金冠苹果
矿物油	某些桃树品种
烯唑醇	西瓜、大豆、辣椒（高浓度时药害）
硫磺	黄瓜、大豆、马铃薯、李、梨、桃、梨、葡萄
波尔多液	马铃薯、番茄、辣椒、瓜类、桃、李、梅、杏、梨、苹果、山楂、柿子、白菜、大豆、小麦、莴苣及茄科、葫芦科植物
铜制剂	果树花期和幼果期、白菜
石硫合剂	桃、李、梅、杏、梨、猕猴桃、葡萄、豆类、马铃薯、番茄、葱、姜、甜瓜、黄瓜
代森锰锌	毛豆、荔枝、葡萄幼果期、烟草、葫芦科、某些梨树品种。梨小果时施用易出现果面斑点。浓度高会引起水稻稻叶边缘枯斑
百菌清	梨、柿、桃、梅、苹果（落花后20天内不能使用）
菌核净	芹菜、菜豆
甲基硫菌灵	猕猴桃
氟硅唑	某些梨品种幼果期很敏感
丙环唑	瓜类、葡萄、草莓、烟草
春雷霉素	大豆、藕
丁醚脲	多种作物幼苗（高温条件下）
咪唑乙烟酸	玉米、油菜、马铃薯、瓜类和蔬菜、亚麻、向日葵、烟草、水稻、高粱和谷子、甜菜
甲氧咪草烟	小麦、油菜、甜菜、玉米和白菜
氯嘧磺隆	玉米、小麦、油菜、亚麻、马铃薯、瓜类和蔬菜、水稻、大麦、高粱、谷子、花生、烟草、向日葵和苜蓿、油菜、甜菜

（续）

农药名称	敏感作物
异恶草松	小麦、大麦和蔬菜、谷子、花生、向日葵、苜蓿
氟磺胺草醚	玉米、油菜、亚麻、豌豆、菜豆、马铃薯、瓜类和蔬菜、高粱、谷子、向日葵和苜蓿、水稻、甜菜、花生、豌豆、菜豆、烟草
氯磺隆	甜菜、豌豆、玉米、油菜、棉花、芹菜、胡萝卜、辣椒、苜蓿、大豆、烟草、向日葵、南瓜、黄瓜、大麦等
甲磺隆	甜菜、豌豆、玉米、油菜、棉花、芹菜、胡萝卜、辣椒、苜蓿、大豆、烟草、向日葵、南瓜、黄瓜、大麦等
莠去津	小麦、大麦、水稻、谷子、大豆、菜豆、花生、烟草、苜蓿、甜菜、油菜、亚麻、向日葵、马铃薯、南瓜、西瓜、洋葱、番茄、黄瓜等
唑嘧磺草胺	向日葵、烟草、高粱和马铃薯、甜菜、油菜、亚麻、瓜类和蔬菜
二氯喹啉酸	甜菜、烟草、向日葵、豌豆、苜蓿、马铃薯和蔬菜
嗪草酮	小麦、大麦、菜豆、水稻、花生、亚麻、高粱、向日葵、甜菜、油菜、烟草、洋葱、胡萝卜
甲咪唑烟酸	小麦、油菜、甜菜、玉米和白菜
敌草隆	小麦、韭菜、芹菜、茴香、莴苣
西玛津	小麦、大麦、棉花、大豆、水稻、十字花科蔬菜
氨氯吡啶酸	豆类、葡萄、蔬菜、棉花、果树、烟草、甜菜
胺苯磺隆	水稻秧田或棉花、玉米、瓜豆

（四）施药环境条件差

光照较强、温度过高或过低、风向不稳定或风力过大等施药环境条件差时用药也能引起植物药害。

■ 常见农作物药害症状

农作物发生药害后，通常表现出的症状有畸形果、畸形叶、畸形穗、植株矮化等。例如，番茄蘸花时用的防落素浓度过高就会出现畸形果（图5-8）；在草莓上使用二氯喹啉酸（快杀稗）后，叶片畸形，叶脉平行，叶片变窄（图5-9）；二甲四氯在小麦拔节后使用会出现畸形穗（图5-10）；乙草胺在玉米苗上的药害症状为抑制作物根系生长，植株矮化（图5-11）。

图5-8 番茄蘸花药害形成的畸形果

图5-9 二氯喹啉酸在草莓上的药害

图5-10 二甲四氯在小麦上的药害症状

图5-11 乙草胺在玉米苗上的药害

■ 避免药害产生的有效途径

在实际生产中，与其在发生药害后的被动补救，不如进行提前预防，积极杜绝引起药害发生的各种可能因素。

（一）选用好的农药产品

现在的农资市场农药产品质量参差不齐，广大农户可选择在正规农资销售点选购质量稳定、"三证"齐全、标签与成分符合的产品，同时要尽量选择有实力、有信誉的大企业的产品。

（二）开展用药技术培训

农业部门可通过各种类型的培训活动，来提高经销商的植保知识以及农户的科学用药水平，减少因指导或施药不当而造成的作物药害事故。

（三）提高经销商的服务能力

经销商必须对采购和销售的产品负责，不贪图便宜和特效，同时应提高自身的植保知识水平，熟悉作物种植栽培管理技术，了解不同农药产品的使用范围、用量、使用期、敏感作物、敏感时期及用药倍数，了解混用时易出现药害的产品及成分，牢记产品的使用技术，在推荐农户用药时做到有的放矢。

■ 药害发生后的应对措施

根据《农药管理条例》和《中华人民共和国消费者权益保护法》规定，在发生农药对农作物病虫草害的防治效果差、出现药害、造成农产品农药残留超标或人畜中毒事故纠纷后，农药经销商作为先行赔付方，应该及时处理，并协助消费者处理好有关事宜。

（一）收集并保留证据

1.接到消费者反映后，农药经销商应协助消费者收集现场证据。因农作物药害的典型表现期短，在保护好损害现场的同时，应立即向当地农业部门、工商部门或质量监督管理部门反映，使有关部门通过摄像、照相等手段来记录田间造成损害的情况，为下一步鉴定工作打下基础。

2.查验农药购销凭证。及时查看消费者提供的农药购买凭证，确认是否为本店出售的产品，并查找与生产企业的购货合同及相关凭证，及时与农药生产企业联系，告知农药纠纷事宜。

3.保存好相关农药的包装物等。农药经销商应保存好发生纠纷的农药产品，暂时不再予以销售，有条件的，可以将同批次产品送到有检测资质的单位进行检验，进一步确认产生纠纷的原因，以便分清责任，及时解决问题。

4.申请鉴定。可以向有关行政管理部门或者有资质的鉴定机构提出申请，请他们依法组织农业科研、教学、应用推广和管理等部门的专家对药害事故进行技术鉴定，并形成书面鉴定意见。

（二）采取补救措施降低损失

农药的防治效果不好或产生药害时，应告知受害者及时向当地农业行政主管部门及其所属的农业技术推广机构咨询。药害较轻时，可依靠药物或其他人工操作进行缓解甚至解除。如用错了杀虫剂或杀菌剂可以用大量清水淋洗，喷洒复硝酚钠和海藻酸进行调节；用错了土壤处理剂，可用灌溉及排水交替进行的方法解救，洗药后追施速效肥料，促使受害植株恢复生长；用药发生错误，发现及时的，可在技术人员的指导下经水洗后加入其他药剂进行异性中和等。若药害较重，无法进行缓解，应及时建议农户补种或改种其他作物，将损失减到最小。

1.依法维权。在出现药害纠纷时，农药经营者应及时协助有关部门进行勘验，迅速处理，准确认定有关责任问题，避免造成更大的损失。并根据《中华人民共和国消费者权益保护法》的规定予以处理。

2.与受害者协商和解。因施用假劣农药产品遭受损害时，应根据有关部门作出的技术鉴定，对农药使用者予以先行赔偿。在赔偿后，可以向生产企业进行追偿，以弥补损失。

3.向政府有关主管部门申诉或要求消费者协会调解。对于无法认清责任的纠纷，可以与受害者一起向有关行政主管部门（包括各级农业行政管理部门、工商行政管理部门、质量技术监督管理部门等）申诉，或者要求消费者协会出面进行调解。

4.向人民法院起诉。司法途径是解决农药纠纷的有效途径，农药经销商在与生产企业追偿过程中，无法达成一致意见的，应当向人民法院起诉，提供相应的购销台账、检测报告、专家鉴定报告等，要求生产企业赔偿经济损失，依法维护自身合法权益。

典型案例

经销商不履行告知义务，承担赔偿责任

2010 年 6 月，某地张老汉发现自家玉米田长了杂草，便去镇上甲某经营的农资店买了 5 瓶烟嘧磺隆除草剂，回到家之后，他就兑上水将农药喷洒到了玉米田。几天后，张老汉到田地里查看玉米长势，眼前的景象让他呆住了：本来还是绿色的玉米现在整体都出现了发黄的状况。张老汉的第一感觉就是买的农药有问题，于是立即找到甲某询问原因。甲某从周边也施用同样农药的玉米田看，并没有出现相应的情况，甲某认为这说明该农药质量没问题，是张老汉用量太大才出现问题的，所以责任应该在于张老汉，经销商不负责任。

张老汉感觉甲某是在推脱责任，于是找到当地植保站的专家到玉米田进行实地查看。专家发现，张老汉种的是甜玉米，而周边的玉米为马齿型或硬质玉米品种；烟嘧磺隆对不同玉米品种敏感差异较大，主要适用于马齿型和硬质玉米品种，不适用于甜玉米，认为药害主要是由于甜玉米对该药敏感造成的。心痛不已的张老汉到当地工商部门进行投诉、反映，认为使用该农药导致其玉米明显减产，虽然可能是自己用药不当，但自己作为一个农民，不可能对如何正确使用农药很清楚。既然农药使用有误可能导致减产，甲某就应该在销售农药时提醒一下。

接到投诉后，工商部门和当地消费者协会相关人员进行了沟通，最终由消费者协会联系当地植保站人员和农资店甲某，共同赶赴张老汉家调查受损情况。消费者协会的工作人员认为，该产品的标签上已明确标注了不能用于甜玉米，甲某在出售农药的时候，应该知道这个农药可能出现的一些负面作用，在销售农药的时候，应尽到相应的提醒义务，但是在整个销售过程中，甲某并没有履行相应的义务，所以应当承担一定的责任。最后，经过消费者协会和当地工商部门工作人

员对当事人的调解，农资店的甲某同意赔偿张老汉损失2000元。拿到赔偿损失之后，张老汉并没有感觉到特别踏实，一再表示以后在使用农药时，一定先认真地阅读标签说明，然后再严格按照说明来喷施农药，不能再因为疏忽大意而带来这么多的麻烦。

 **典型案例**

经销商销售假农药，既受罚又赔偿

农民王某在A县承包了10亩土地用于种植玉米。王某在附近一农药经营店购买了××牌的除草剂38%莠去津悬浮剂10瓶，并将该除草剂喷施在玉米田里。两天后，王某到玉米田查看时，发现玉米苗枯萎发黄，几天后大部分逐渐枯死。王某即向A县农业行政执法大队报案。该执法大队进行立案，同时委托该市农业事故鉴定委员会对原告玉米的枯死原因进行调查鉴定。该市农业事故鉴定委员会作出了鉴定意见书，认定王某种植的10亩玉米枯死的主要原因是使用了××牌除草剂所产生的药害。A县农业执法大队从张某经营的农药店抽取了该除草剂样品，进行了证据保存，委托省农药产品质量监督检验中心对××牌除草剂进行检验。检验报告结论为：被鉴定的××牌除草剂有效成分为零，同时含有烟嘧磺隆成分，为假农药。

根据以上检验、鉴定结果和经营台账，A县农业局没收了张某经营农药店的××牌莠去津（38%悬浮剂）除草剂和500元违法所得，并处10000元罚款，并召集王某和张某协调药害赔偿事宜。但张某认为，农业局已对自己进行了行政处罚，不能再让其承担药害赔偿责任。

王某根据鉴定意见书和购药凭证，向A县法院起诉，将农药经营店作为被告上法庭，请求法院判处被告赔偿损失。A县法院认为：本案中，原告从被告处购买××牌除草剂，后将该除草剂施用于其承包种植的10亩玉米田，造成玉米枯死绝收的药害事故，事实清楚。被告销售的××牌除草剂，经有关部门鉴定，属假农药。被告销售假农药，并造成原告的经济损失，应当赔偿。最终，法院做出判决，由农药经营店付给王某损失费用6 000元。

参考文献

高洁,宋琳.2011.农药科学安全使用技术.现代农业科技,2.

梁帝允,邵振润.2011.农药科学安全使用培训指南.北京:中国农业科学技术出版社.

梁桂梅.2010.农民安全科学使用农药必读.北京:化学工业出版社.

农业部农药检定所.1993.农药安全使用指南.北京:中国农业出版社.

单元自测

1. 如何查看农药标签？

2. 如何识别假劣农药？

3. 农药药液配制应当注意什么？

4. 如何科学施用农药？

5. 施药过程中的安全防护措施有哪些？

6. 如何安全处理农药废弃物？

7. 如何预防药害的发生？常见除草剂药害的急救措施有哪些？

技能训练指导

农药的稀释计算与药液配制

（一）材料用具

粉剂、可湿性粉剂、乳油、颗粒剂、片剂、烟剂等农药，水、喷雾器等。

（二）训练目的

通过正确选择农药，确定合理稀释倍数，准确计算用药量。

（三）实训内容

1.农药的稀释计算。

（1）40%氧化乐果乳油稀释1 500倍，15千克水加多少毫升？

（2）25%甲霜灵可湿性粉剂750倍液，15千克水加多少毫升药？

2.药液配制。选择合理的配制方法，药剂量好后，先加少量水，配成母液，然后加足水量，搅拌均匀，倒入喷雾器。要求药剂不能洒出，不能沾在手上，药液不能倒（洒）在外面。

学习
笔记

模块六

绿色防控

农作物病虫害绿色防控是指以确保农业生产、农产品质量和农业生态环境安全为目标，以减少化学农药使用为目的，优先采取生态控制、生物防治和物理防治等环境友好型技术措施控制农作物病虫为害的行为。

实施绿色防控是贯彻"公共植保、绿色植保"理念的具体行动，是确保农业增效、粮食增产、农民增收和农产品质量安全的有效途径，是推进现代农业科技进步和生态文明建设的重大举措，是促进人与自然和谐发展的重要手段。

1 作物健康栽培

从培育健康的农作物和良好的农作物生态环境入手，使植物生长健壮，并创造有利于天敌的生存繁衍，而不利于病虫发生的生态环境。在病虫害绿色防控中，通过以下途径来实现。

第一，通过合理的农业措施培育健康的土壤生态环境。良好的土壤管理措施可以改良土壤的墒情、提高作物养分的供给和促进作物根系的发育，从而增强农作物抵御病虫害的能力和抑制有害生物的发生。反之，不利于农作物生长的土壤环境会降低农作物对有害生物的抵抗能力，同时，可能会使植物产生吸引有害生物为害的诱导信号。

第二，选用抗性或耐性品种。选用抗性或耐性品种是健身栽培健康作物的基础。通过种植抗性品种，可以减轻病虫为害，降低化学农药的使用，同时有利于绿色防控技术的组装配套。

第三，培育壮苗。包括培育健壮苗木和大田调控作物苗期生长，特别是合理地使用植物免疫诱抗剂，可以提高植株对病虫的抵抗能力，为农作物的健壮生长打下良好的基础。

第四，种苗处理。包括晒种、浸拌种子、种子包衣、嫁接等。

第五，平衡施肥。通过测土配方施肥，采集土壤样品，分析化验土壤养分含量，根据农作物对养分的需求，按时、按量施肥，为作物健壮生长提供良好的营养条件。特别是要注意有机肥、氮磷钾复合肥料、微量元素肥料的平衡施用，避免偏施氮肥。

第六，进行合理的田间管理。包括适期播种、中耕除草、合理灌溉、适宜密植等。

第七，加强生态环境调控。如果园种草、田埂种花、农作物立体种植、设施栽培等。

2 杀虫灯使用技术

杀虫灯是利用昆虫对不同波长、波段光的趋性进行诱杀，有效压低虫口基数，控制害虫种群数量，是重要的物理诱控技术。目前主要有太阳能频振式杀虫灯和普通用电的频振式杀虫灯两大类。可在水稻、蔬菜、茶叶和柑橘等作物上应用，杀虫谱广，作用较大。对大部分鳞翅目、鞘翅目和同翅目害虫诱杀作用强。

杀虫灯使用时间，普通频振式杀虫灯每年4～11月在害虫发生为害高峰期开灯，每天傍晚至次日凌晨开灯。太阳能杀虫灯安装后不需要人工管理，每天自动开关诱杀害虫。一般每50亩安装1盏灯。

！温馨提示

使用杀虫灯时要保障用电安全，及时清理电网上的死虫和污垢，注意对灯下和电线杆背灯面两个诱杀盲区的害虫进行重点防治。

杀虫灯在水稻上的应用

1.控制面积。一般每30～50亩稻田安装杀虫灯一盏，灯距180～200米，在田间按照棋盘式、井字形或之字形布局。

2.挂灯高度。杀虫灯底部（袋口）距地面1.2米，地势低洼地可提高到距地面1.5米左右。

3.开灯时间。早稻、中稻分别在4、5月份开始挂灯，收割后收灯。发蛾高峰期前5天开灯，开灯时间以20时至次日6时为宜（图6-1）。

水稻田中的普通用电频振式杀虫灯　　水稻田中的太阳能频振式杀虫灯（范兰兰提供）

图6-1　杀虫灯在水稻田的应用

杀虫灯在果园的应用

1.控制面积。普通用电的频振式杀虫灯两灯间距160米，单灯控制面积30亩；太阳能杀虫灯两灯间距300米，单灯控制面积60亩（图6-2）。

2.挂灯高度。树龄4年以下的果园，挂灯高度以160～200厘米为宜；树龄4年以上、树高超过200厘米的果园，挂灯高度为树冠上50厘米左右处。

3.开灯时间。挂灯时间为4月底至10月底，开灯时间以19时至24时为宜。

图6-2 太阳能杀虫灯在果园的应用

杀虫灯在蔬菜上的应用

1.控制面积。普通用电的频振式杀虫灯两灯间距120～160米，单灯控制面积20～30亩（图6-3）；太阳能杀虫灯两灯间距150～200米，单灯控制面积30～50亩。

2.挂灯高度。普通用电的频振式杀虫灯接虫口距地面80～120厘米（叶菜类），或120～160厘米（棚架蔬菜）；太阳能杀虫灯接虫口距地面100～150厘米。

图6-3 普通用电频振式杀虫灯在蔬菜地的应用

3.开灯时间。挂灯时间为4月底至10月底，开灯时间以19时至24时（东部地区）、20时至次日2时（中部地区）、21时至次日4时（西部地区）为宜。

3 诱虫板使用技术

色板诱杀技术是利用某些害虫成虫对黄色或蓝色敏感，具有强烈趋性的特性，将专用胶剂制成的黄色、蓝色胶粘害虫诱捕器（简称黄板、蓝板）悬挂在田间，进行物理诱杀害虫的技术（图6-4、图6-5）。

图6-4　诱虫板在蔬菜大棚的应用　　　　图6-5　黄板在果园的应用
（王世龙 提供）

诱虫种类为：黄板主要诱杀有翅蚜、粉虱、叶蝉、斑潜蝇等害虫；蓝板主要诱杀种蝇、蓟马等害虫。

挂板时间为：在苗期和定植期使用，期间要不间断使用。

悬挂方法为：温室内悬挂时用铁丝或绳子穿过诱虫板的悬挂孔，将诱虫板两端拉紧，垂直悬挂在温室上部，露地悬挂时用木棍或竹片固定在诱虫板两侧，插入地下固定好。

悬挂位置为：矮生蔬菜，将粘虫板悬挂于作物上部，保持悬挂高度距离作物上部0～5厘米为宜；棚架蔬菜，将诱虫板垂直挂在两行中间，高度保持在植株中部为宜。

悬挂密度为：在温室或露地每亩可悬挂3～5片，用以监测虫口密度；当诱虫板上诱虫量增加时，悬挂密度为：黄色诱虫板规格为25厘米×30厘米的30片/亩，规格为25厘米×20厘米的40片/亩。同时可视情况增加诱虫板数量。

后期管理：当诱虫板上黏着的害虫数量较多时，及时将诱虫板上黏着的虫体清除，以重复使用。

4 性诱剂使用技术

昆虫性信息素，也叫性外激素，是昆虫在交配过程中释放到体外，以引诱同种异性昆虫去交配的化学通讯物质。在生产上应用人工合成的昆虫性信息素一般叫性引诱剂，简称性诱剂。用性诱剂防治害虫高效、无毒、没有污染，是一种无公害治虫技术（图6-6、图6-7、图6-8）。

图6-6　黏胶诱捕器

（王士龙 提供）

图6-7　桶型诱捕器

（王士龙 提供）

诱芯选择种类有：水稻上主要有水稻二化螟、三化螟、稻纵卷叶螟等性诱剂；蔬菜上主要有斜纹夜蛾、甜菜夜蛾、小菜蛾、瓜实蝇、烟青虫、棉铃虫、豆荚螟等性诱剂。应根据作物和害虫发生种类正确选择使用。

使用时间为：根据诱杀害虫发生的时间来确定和调整性诱剂安装使用的时间。总的原则是在害虫发生早期，虫口密度较低时开始使用效果好，可以真正起到控前压后的作用，而且应连续使用。每根诱芯一般可使用30～40天。

诱捕器安放高度：诱捕器可挂在竹竿或木棍上，固定牢，高度应根据防治对象和作

图6-8　蛾类通用诱捕器

物进行适当调整，太高、太低都会影响诱杀的效果，一般斜纹夜蛾、甜菜夜蛾等体型较大的害虫专用诱捕器底部距离作物（露地甘蓝、花菜等）顶部20～30厘米，小菜蛾诱捕器底部应距离作物顶部10厘米左右。同时，挂置地点以上风口处为宜。

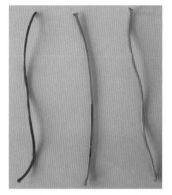

诱捕器安放密度：诱捕器的设置密度要根据害虫种类、虫口基数、使用成本和使用方法等因素综合考虑。一般针对蚜虫、斜纹夜蛾、甜菜夜蛾，每亩设置1个诱捕器、每个诱捕器1个诱芯（图6-9）；针对小菜蛾，每亩设置3个诱捕器，每个诱捕器1个诱芯。

图6-9 诱捕器的诱芯

5 食诱剂使用技术

食诱剂技术是通过系统研究昆虫的取食习性，深入了解化学识别过程，并人为提供取食引诱剂和取食刺激剂，添加少量杀虫剂以诱捕害虫的技术（图6-10）。

图6-10 食诱剂（糖醋液）在果园的应用

不同害虫的糖醋液最佳配比

害虫种类不同，食诱剂的配方不同。使用量一般为每亩6～8盆，每周更换一次。

靶标害虫	糖醋液最佳配比（糖：醋：酒：水）
斜纹夜蛾	3：3：1：9
苹小卷叶蛾	1：4：1：1
桃潜叶蛾	5：20：2：70

6 天敌使用技术

天敌昆虫主要有两种，一种是捕食性天敌，一种是寄生性天敌。

捕食性天敌种类很多，最常见的有蜻蜓、螳螂、猎蝽、刺蝽、花蝽、草蛉、瓢虫、步行虫、食虫虻、食蚜蝇、胡蜂、泥蜂、蜘蛛以及捕食螨类（图6-11）等。这些天敌一般捕食虫量大，在其生长发育过程中，必须取食几头、几十头甚至数千头的虫体后，才能完成它们的生长发育。

寄生性天敌是寄生于害虫体内，以害虫体液或内部器官为食，致使害虫死亡，最重要的种类是寄生蜂和寄生蝇类。

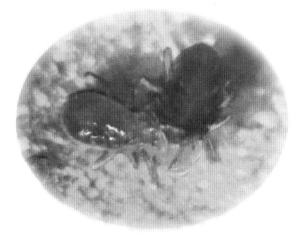

图6-11　我国商品化的捕食螨

（杜宜新 提供）

捕食螨防治蔬菜叶螨

蔬菜上发生的叶螨主要有朱砂叶螨、二斑叶螨等。其天敌捕食螨的主要种类有拟长毛钝绥螨、长毛钝绥螨、巴氏钝绥螨等。

1.释放时间。作物上刚发现有叶螨时释放效果最佳。严重时2～3周后再释放1次。

2.释放量。叶螨开始发生时一般为零星出现，可在发生中心区域释放智利小植绥螨（图6-12），每平方米20头。若发生面积扩大，全田都有，按智利小植绥螨：叶螨为1：10，或按拟长毛钝绥螨：叶螨以1：（3～5）的比例释放。隔2周后再释放一次。

图6-12 黄瓜大棚释放智利小植绥螨防治蚜虫

赤眼蜂防治玉米螟

1.释放时间。越冬代玉米螟化蛹率达20%时，后推10天为第一次释放赤眼蜂时期。西部第2代区在6月20日左右；中、东部第1～2代区在7月5日左右；东部第1代区在7月10日左右，间隔5天放第二次，共释放两次。

2.释放数量。每亩共释放1.5万头，第一次释放0.7万头，第二次释放0.8万头。

3.释放设置。每亩设置1个释放点。从放蜂田的边垄开始数，第20条垄为第一个放蜂垄，顺第一放蜂垄向里走20步为第一个释放点，再沿垄向前走40步为第二个释放点，以此类推到地头，再由第一个释放垄向下间隔40条垄为第二个放蜂垄，按上述方法以此类推。

4.释放方法。上午放蜂。在放蜂点，选一棵玉米植株中部叶片，将蜂卡固定在叶片的背面，做到防晒、挡雨（图6-13）。

图6-13 赤眼蜂在玉米田的应用

参考文献

陈庭华,陈彩霞,蒋开杰,等.2001.斜纹夜蛾发生规律和预测预报新方法.昆虫知识,1.

丁建云,郝海莉,于芝君.2005.北京郊区桃潜叶蛾成虫消长规律研究.昆虫知识,4.

林绍光.2005.天敌昆虫在生态农业中的应用.广西农学报,1.

杨普云,赵中华.2012.农作物病虫害绿色防控技术指南.北京:中国农业出版社.

张顶武,李松涛,董民,等.2007.性诱剂和糖醋液防治桃园苹果小卷蛾技术研究.中国果树,3.

单元自测

1.绿色防控技术的概念是什么？

2.杀虫灯使用技术要点是什么？

3.诱虫板主要有哪两种？分别诱集哪些害虫？

4.昆虫天敌分哪两大类？举例说明。

学习
笔记

图书在版编目（CIP）数据

农作物病虫害防治员/段培奎，左振朋主编．—北京：中国农业出版社，2014.10（2018.5重印）
农业部新型职业农民培育规划教材
ISBN 978-7-109-19645-2

Ⅰ．①农… Ⅱ．①段… ②左… Ⅲ．①作物-病虫害防治-技术培训-教材 Ⅳ．①S435

中国版本图书馆CIP数据核字（2014）第232594号

中国农业出版社出版
（北京市朝阳区麦子店街18号楼）
（邮政编码 100125）
责任编辑　张德君　司雪飞　杨　璞

北京通州皇家印刷厂印刷　新华书店北京发行所发行
2014年11月第1版　2018年5月北京第4次印刷

开本：720mm×960mm　1/16　印张：12.5
字数：183千字
定价：50.00元
（凡本版图书出现印刷、装订错误，请向出版社发行部调换）

农业部新型职业农民培育规划教材目录

封面设计：田　雨
版式设计：杜　然

ISBN 978-7-109-19645-2

定价：50.00元